ブラック郵便局

宮崎拓朗
西日本新聞記者

新潮社

はじめに

1本の記事が、私をその〝歪み〟の奥へと導いた。

2018年夏、社会部の記者だった私は、郵便局員たちがはがきの販売に過剰なノルマを課され、自腹で購入している実態について記事にした。

それからというもの、西日本新聞には、発行エリアの九州にとどまらず、全国からメールや投書が届くようになった。大半が、日本郵政グループで働く社員からの内部告発だ。

「不正な保険営業が行われています。許されることではありませんが、日々の叱責、人格否定等のパワハラに屈して不正をした社員がいるのも事実です。たくさんの同僚が病気になり、退職していきました」

「私も出勤するのが怖く、電車に飛び込みたくなるときがあります」

「現役の郵便局長です。局長は票の獲得にノルマを課されており、業務そっちのけで選挙運動をさせられています」

「内部通報しても、会社ぐるみでもみ消されます」

私は時間の許す限り、一つ一つに返事を出していった。多いときには、同時に100人ほどとのやりとりに追われた。

福岡市にある編集局フロアで朝からパソコンに向かい、情報提供者たちに「詳しい事情を教えてください」とメールを送る。びっしりと書き込まれた返信が届く。それに対してまた質問を投げかける。そんなやりとりを繰り返していると、あっという間に夜が更けていった。

メールの送り主の多くは匿名だったが、徐々に名前を明かしてくれる郵便局員が出てきた。

「私はお客さんをだましたことがあります」。保険営業担当のある局員は、自ら手を染めた不正について、涙を流しながら告白した。

「上司からパワハラを受けていた同僚が自ら命を絶った」。そう訴える郵便配達員が送ってきたメールには、同僚たちが職場にしつらえた献花台の写真が添付されている。

郵政グループは、郵便、保険、貯金事業を取り扱い、約36万人（23年度）の従業員、約2万4000の郵便局を抱える巨大組織だ。2007年に始まった郵政民営化により、かつて国営だった組織は市場原理にさらされた。

地方には赤字の郵便局も多いが、郵政グループは、全国の隅々にまでサービスを提供するよう法律で義務付けられている。そんな制約に加え、約1万9000人の小規模郵便局の局長たちが統廃合に強く反発し、郵便局網の合理化には手を付けられない。収益を上げるため、保険や貯金の金融事業に過度に依存する構造が生まれていった。

無理が生じるのは当然の帰結だった。

保険営業の現場には、法外な営業目標が割り当てられ、高齢者を狙った詐欺まがいの営業がはびこる。コストカットが求められる配達現場には、「時短」を強いる厳しい指導が横行した。

末端の局員たちは会議や研修の場で罵声を浴び、次々に心を病んでいく。利益のために違法行為が黙認され、声を上げる者はつぶされた。「既得権」を守ろうと政治にすがる郵便局長たちは、不正な手段もいとわず選挙の票集めに執着する。

経営の効率化と、質の高いサービスの提供を目標に民営化されたはずの郵政グループ。取材を重ねると、理想とはかけ離れたいびつな組織の内情が見えてきた。

福岡で事件の担当、東京で政治の担当を経験し、郵政の取材を始めた頃、私の記者生活は14年目に入っていた。一つのテーマにこれほどのめり込むのは初めてのことだ。振り返ると、長崎に配属されていた新人時代のある夜を思い出す。

「うちに寄っていかないか」。仕事終わりに声をかけられた。駆け出しの記者にとって、話しかけるのも緊張するこわもての上司。恐縮しながら自宅についていった。

その晩の上司は、職場にいるときとは違ってくつろいだ表情を浮かべ、奥さんの手料理を私に勧めながら、記者の仕事について語った。「記者がこつこつ調べて、自分の責任で出した記事こそ本当の価値があると思うんだよ」。そう言いながら、自宅に保管されていたノートを開く。役所の裏金問題を調べ上げたときの取材メモだった。「いつか自分も」と胸が高鳴ったのを覚えている。

疑惑を報じても、郵政グループの経営陣はなかなか非を認めず、詭弁だらけの説明で言い逃れをしようとした。監督する政府も本気で介入しようとはしない。その背景に、組織票でつながった郵便局長たちと政権与党との癒着の構図も見えてきた。

「書き続けなければうやむやになってしまう」。私は何かに取りつかれたように局員たちと連絡を取り、入手した大量の内部資料を読み込んだ。重要な証言者とは、人目につかないカラオケボックスの個室で落ち合った。不正を主導した人物には、直接会いに行ってその真意を尋ねた。

情報提供は報道を続けるにつれて増えていき、3年がたった頃には1000件に達した。それを裏付けし、書き上げた記事は100本を超えている。現場の声は、少しずつ巨大組織を動かしていった。その一方で、組織の体質を変えるのがいかに難しいか、歯がゆい思いをすることの繰り返しでもあった。

「劇場型」と呼ばれる政治手法によって国民的な人気を博した首相が、目玉政策として進めた郵政民営化。その後の行方に関心が向けられることはほとんどなかったように思う。

民営化した郵便局で何が起きていたのか。私が目撃した一つ一つの出来事を書き記していきたい。

ブラック郵便局　目次

※文中に登場する人物の肩書や年齢は、取材当時のものを記載した

ブラック郵便局

日本郵便と局長会

日本郵便	郵便局長が就く役職			局長会
本社	代表主幹地区統括局長	≒	全特会長	全国郵便局長会（全特）
地方支社（13）	主幹地区統括局長	≒	地方会長	地方局長会（12）
地区連絡会（238）	地区統括局長	≒	地区会長	地区局長会（238）
部会（1620）	部会長	≒	部会長	部会（1633）

※公表資料や取材に基づく
※※部会は日本郵便・局長会ともに同じ呼称

図版製作　クラップス

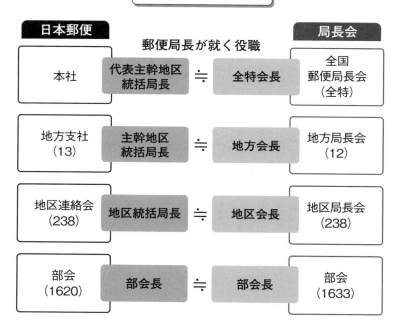

第一章　高齢者を喰い物に

ある郵便局員の1日

「ところで生命保険には入られていますか」

「ご家族にもお勧めの保険がありますよ」

2018年夏、Aさんは、窓口を訪れる客にひっきりなしに声をかけていた。

西日本地方のとある街の一角にある郵便局。周りには住宅街もあり、利用客はそれなりに多い。だが、「うちは大丈夫です」とそっけない返事ばかりだ。郵便物の差し出しや振り込み手続きといった用事を済ませると、忙しそうに帰っていく。

「今週はまだ1件も契約が取れていないな」

そう考えるとため息が出た。窓口担当の局員に課されている営業ノルマをこなすには、週に1、2件の契約を取っていかなければならない。だが、契約どころか、客に声をかけても話さえ聞いてくれないことがほとんどだ。つい「こんな状況じゃ、どれだけ頑張っても無理だ」と愚痴が漏れる。

夕方、ようやく窓口の営業時間が終わり一息つくと、気が重い作業が待っている。社内メールのチェックだ。

局の奥に置かれている共用パソコンに向かい、日中に送られてきた業務指示や事務連絡のメールを流し読みしていく。1通のメールを開いたところで息苦しさを覚えた。差出人は、地区の生命保険営業を統括する幹部。今日はどんな内容だろうかと身構える。

「今日は給料日ですが、そのお金どこから稼ぐんですか？　収益を上げなければ、費用ばかりかさんで会社は成り立っていきません。十分理解して、自分の責任額は必ず達成してください！」

文意を強調する部分は赤い文字で記されている。一緒に読んでいた同僚が「今日のもひどい」とつぶやいた。

そのまま残業し、アポイントが取れるまで、保険勧誘の営業電話をかけ続ける。これが、Aさんの日常だった。

「自主勉強会」への呼び出し

実績が上がらないまま月末を迎えると、待っているのは「自主勉強会」だった。

毎月、仕事が終わってから、大きな郵便局や公民館の一室で行われる。「自主」とついているだけあって、業務外の扱い。だが、実績が低迷している局員は、幹部から名指しで出席を求められる。

Aさんも何度か参加したことがあった。「インストラクター」と呼ばれる指導役や保険営業担当の幹部社員が、契約が獲得できない理由を尋ねていく。順番が回ってきた局員が答えるたびに、幹部らは「そんな言い訳はいりません」「やる気があればできるはずですよ」「結果を出さない社員は給料泥棒だ」と怒鳴り声を上げた。

ある月の勉強会では、名前を読み上げられた局員たちが、部屋の後ろに並んで立たされた。幹部は「何だと思いますか」と問いかけ、困惑する局員たちに向かい「実績が低い順に並べたんだ」と言い放った。

毎回2時間ほどの「勉強会」が終わると、疲れ切った局員たちは無言で帰っていった。

Aさんは、仲良くしていた近隣局の同僚たちから「ノルマの圧が苦しくて、実は心療内科に通っているんです」といった相談を受けることが増えていた。真面目な性格の人ほど追い詰められてしまうようだった。Aさんが働いている地区では、ここ数年、若手局員が次々に退職していた。

ノルマを達成するために、強引な営業が行われたのだろう。保険を契約した高齢者の家族から、「何でこんな不必要な保険に入らせたんだ」とクレームの電話を受けたこともある。この家族は、郵便局への不信感を募らせ、一家が契約していた保険を全て解約してしまった。

危機感からの情報提供

Aさんは、目立たなくても社会を支える仕事に誇りを持っていた。

「長い年月をかけて築いた信頼が食い潰されてしまう。こんなことを続けていれば、郵便局は社会から必要とされなくなってしまうんじゃないか」

そんな危機感を持っていたAさんは18年8月末、インターネット上である記事を目にする。

「かもめ～る悩めるノルマ／郵便局員〝自腹営業〟金券店へ」（2018年8月31日付、西日本新聞朝刊社会面）

日本郵便が販売する暑中見舞いや残暑見舞い用のはがき「かもめ～る」に関して、九州の郵便局員の男性から悲痛なメールが寄せられた。「郵便局員は毎年、かもめ～るの販売にノルマを課されて苦しんでいます」。会員制交流サイト（SNS）が普及し、暑中・残暑見舞いをやりとりする習慣が薄れつつある現状も、負担増につながっているようだ。

記事の中では、「かもめ～る」の過剰な販売ノルマをこなすため、局員たちが自腹ではがきを購入し、金券ショップで換金している実態について書かれていた。

Aさんは、記事にリンクが貼られていた西日本新聞の情報提供窓口「あなたの特命取材班」のサイトを開くと、「取材して欲しいこと」の欄に書き込んだ。

「郵便局の件で、記事にしていただければと思い、連絡致しました。お伝えしたいのは、生命保険の営業ノルマです。郵便局を信じて利用していただいているお客さまをだまして、新規契約を取っているケースが多々あります。そんなことをやっている局員も、やりたくてやっているわけではなく、多大なノルマを達成するためにやむなくやっている感じです」

メディアの力を借りるのが最善の方法なのかは分からないが、何とかしてこの現状を変えたい――。そんな思いで「送信」ボタンを押した。

Aさんが読んだのは、私が郵便局の問題を取り上げた最初の記事だった。

Aさんからの情報提供メールを読んだ私は、悩んでしまった。たしかに、「かもめ～る」の取材では、現場に課されるノルマは現実離れした過剰なものだと感じた。保険営業でも同じなのかもしれない。一方で、郵便局といえば、地域に密着し、特にお年寄りには親切なイメージがある。ノルマが厳しいからと言って、顧客をだましてまで保険の契約を取ったりするだろうか。自腹ではがきを購入するのとは訳が違う。実際にそうだったとして、郵便局は全国組織だ。福岡を拠点に取材活動をしている地方紙の記者が取り組むには荷が重いテーマに思えた。

煮え切らない気持ちのまま、「どこまでお力になれるか分かりませんが……」と返事をしたが、Aさんは必死だった。その後も次々にメールが送られてくる。「ノルマがきつくて辞めたり、メンタルを病んだりする局員がたくさんいます」といった訴えとともに、毎回、保険営業に関する指示文書が添付されていた。

「今月の目標は達成できるのでしょうか？　毎日コツコツと推進を伸ばさなければ、今月も『また』未達に終わりますよ！　真剣に取り組んでください」

Aさんによると、指示文書は、地区の保険営業の責任者を務める幹部が、管内の各局に対して毎日のように社内メールで送りつけてくるという。郵便局の穏やかなイメージとはかけ離れた言葉が並んでいる。

ノルマを達成できない局員に対し、「勉強会」への出席を命じる指示文書もあった。
「反省文の事前作成をお願いいたします。400字詰め3枚以上、真剣に書いて持参ください。
※休暇中の方へは至急連絡して準備させること」

指示文書の中には、地区の幹部たちもまた、さらに上層部からノルマ達成の圧力をかけられていることをうかがわせるものもあった。

この文書では、地区の実績が低迷していることを理由に、幹部らが呼び出しを受けたと伝え、「本当に残念で不名誉なことです。全社員の奮起をお願いします」と記述。「改善策」として、当面の2カ月間、有給休暇の取得を制限し、「統一行動日」の土曜と日曜にも休日返上で営業活動をするよう命じている。

Aさんたちは、郵便局でさまざまなサービスの顧客対応をする窓口担当だ。保険営業の専門ではない。私へのメールには「他にも仕事がたくさんあるのに、保険営業の指示がエスカレートして、心が磨り減っていきます」と記されていた。

根性論だけの指示

厳しい保険営業の実態を訴えるAさんの告発メールは、年が明けた19年になっても送られてきた。「うちの地域の同僚は、今月まだ実績ゼロで見込みもなく、心療内科に通っています。もう退職するかもしれません」。

変わらず添付されている指示文書は、部外者の私でも気が滅入ってしまうような内容だった。

「皆様、目標をやり遂げなければ、迷惑をかけることになります！　ご理解していただいていますか？　『出来なかった』はいりません!!　出来るまで動いてください!!」
「精いっぱいの営業活動を行い出来なかったのであれば仕方ありませんが、皆様、本当に圧倒的努力で営業活動してると言えますか？」
「実績『0』の社員の皆さんは、土・日を活用する予定ですよね？　必ず全社員実績『0』解消をお願いいたします！！！　推進が低迷している局は、他の局に迷惑をかけないよう更なる営業活動を！」

当たり前のことだが、生命保険は、顧客に加入する意思がなければ契約には至らないはずだ。それなのに、こんな根性論ばかりで毎日のように契約獲得を高圧的に求めるのは、一種のパワハラではないのか。

そう思いつつも、記事にするにはまだ抵抗があった。収益を求める民間企業であれば、営業目標を設定するのは当然のことだ。その目標値が妥当かどうか、目標達成のための圧力がどの程度まで許されるのか、本来は、労働組合と会社側との協議などによって社内で改善されるべき問題だろう。外部から批判するのは、下手をすれば営業妨害とも言われかねない。

報道するには、Aさんが最初のメールで訴えていた内容、「顧客をだまして契約を取っている」という実態にまで踏み込む必要があると考えた。Aさんは「記事にするには、まだ情報が不足していますか」と尋ねてくる。このまま期待を持たせてしまうのは心苦しい。こちらの考えを伝えるためにも、面会できないかとお願いすると、Aさんは快諾してくれた。

待ち合わせ場所にした商業施設のフードコートにAさんがやってきた。取材源の秘匿のため、性別や年齢を明かすことはできないが、人当たりの良さそうな風貌で、郵便局の窓口では、親切な対応をしてくれそうな人柄だ。

「厳しい言葉で毎日毎日ノルマ達成を求められ、人格を否定されるような思いです」

私は、挨拶もそこそこにAさんが切り出した話に耳を傾けた。

Aさんが働く「日本郵政グループ」は、2007年の郵政民営化により誕生した。親会社の「日本郵政」の下に、「ゆうちょ銀行」「かんぽ生命保険」「日本郵便」の三つの子会社がある。生命保険の販売元であるかんぽ生命は、郵便局を運営する日本郵便に個人向け保険の販売業務を委託しており、実際の営業を担当するのはAさんたち郵便局員だ。保険事業の収益は、全国に張り巡らされた郵便局網を維持するための、欠かせない収入源になっているという。

もともと、保険のノルマがあったのは外回りの営業担当だけだった。だが、民営化後は収益が重視され、窓口担当の局員にも課されるようになる。Aさんの地域では、数年前にノルマ設定が始まり、その後、目標の金額は当初の約2倍に跳ね上がった。若い局員たちは、窓口担当に保険のノルマがあるなどとは知らずに入社してくるため、イメージと違った厳しい労働環境に戸惑い、退職してしまうケースが続いているという。

会社員などの顧客は土日や祝日にしかアポが取れず、営業活動のために休日出勤が増えていく。少人数で運営している局では、平日の代休も取得できない状態になっていた。

「上層部は、現場の局員たちを使い捨ての駒のように考えて無理なノルマをどんどん課してきます。こんなことをやめさせるために、何とか記事にしてくれませんか」

平日夕刻のフードコート。周囲からは、学校帰りの学生たちやカップルの賑やかな声が聞こえてくる。Aさんは、この場に不似合いな深刻な表情で訴えかけてきた。

私は本音を切り出した。ノルマの厳しさは腹立たしくなるほど理解できる。でも、それだけを記事にするのは難しい。過酷なノルマに伴って不正が起きているのであれば、その裏付けとなる資料が得られないだろうか、と。

Aさんは「分かりました。少し時間をください」と言って帰っていった。

NHK報道後も変わらぬ郵政グループ

調べてみると、郵便局の保険営業の問題は約10カ月前の18年4月、NHKが「クローズアップ現代＋（プラス）」という番組で詳しく報じていた。

タイトルは「郵便局が保険を〝押し売り〟!? ～郵便局員たちの告白～」。70代の母親がだまされて保険に加入したと訴える親子の事例などを挙げ、貯金と誤認させるような説明で保険を契約させる不適正な営業手法を紹介している。目標が達成できなければ「パワハラ研修」に呼び出されるという背景についても報じていた。Aさんの証言とも重なる部分が多い。

番組には、郵便局を運営する日本郵便の常務執行役員も登場し、カメラの前で「会社として非常に深刻。改めないといけない」と語っている。郵政グループでは、営業目標を引き下げるなどの対策に取り組んでいるとも説明された。

だが、Aさんの話を聞く限り、番組放送後も実態は何も変わっていないように思える。

郵政グループのような生活に密着した巨大組織が、外部からの指摘にも耳を貸さず、従業員を追い詰めながら詐欺まがいの保険営業を続けているとしたら――。何とも言えない恐ろしさを感じた。

２０１９年2月、私の職場に郵便物が届いた。開封すると、郵便局で発生した保険の不正営業に関する内部資料が入っている。送り主はAさんだった。「これでどうですか」という声が聞こえてくるようだった。

取材で知り合った他の局員たちも資料を提供してくれた。分量が多い上、なじみのない保険営業の専門用語を使って書かれている。私はインターネットで言葉の意味を調べたり、Aさんたちにメールで問い合わせたりしながら、数週間かけて読み込んでいった。

【発覚日】２０１８年12月27日　【発生日】２０１８年9月14日
【支社名】東北　【事故者の役職】課長　【年齢】51歳（勤続年数32年）
【概要】偽造契約（無断）。事故者は、お客さま◯◯（40歳）を保険契約者、お客さま△△（◯◯の子・11歳）を被保険者とする保険契約の申込みを受け付ける際、◯◯及び△△に無断で保険契約申込書を作成し、申込手続きを行った。
【発覚の経緯】コールセンターに対して、◯◯から「保険に加入したつもりはないのに保険証券が届いたので、契約を無効にして欲しい」旨の申出があった。事故者に対して調査を実施したところ、事故者から「保険加入に関する話は行っておらず、自分が勝手に申し込みを受け付けた」旨の申出があったため、発覚。

資料の中でまず目を引いたのは、「情報文書」と題された約50枚の文書の束だった。全国の郵便局で発覚した不正事案について、1件ずつ概要や発覚の経緯が詳しく書かれている。

顧客に無断で申し込み手続きをする、虚偽内容の資料を見せて契約させる、保険料や保障内容を十分に説明しないまま契約書にサインさせる——。悪質な事案ばかりが載っていた。

顧客から「糖尿病がある」と申し出があったのに「申告する必要がない」と伝えた「不告知教唆」もあった。本来、持病がある人の保険加入は制限されており、持病を隠して加入する行為は「告知義務違反」に当たり、死亡時などに保険金が下りなくなってしまう。にもかかわらず、「事故者」の局員は「申告しなくていい」と虚偽の説明をして加入させていたのだ。

顧客に契約手続きだけを頼み、保険料は局員が自腹で負担した事案も複数あり、ノルマに追い詰められていた背景が浮かぶ。

「情報文書」に記載されているこれらの不正事案は、内部調査の結果、保険業法違反と認定されたものだった。保険業法違反が発覚した場合、保険会社は、金融庁に報告しなければならず、「金融庁届出事案」とも呼ばれている。内部資料によると、こうした違法な営業行為は、2015年度16件、16年度15件、17年度20件、18年度17件で、4年間に68件起きていた。

違法とまではいかないが、社内規定に違反すると判断された事案の件数を示した文書もあり、15年度124件、16年度137件、17年度181件で、3年間で約440件に上っていた。

社内規定違反といっても、単なるミスや軽微な事案ではない。「契約者への説明不十分」「告知があったにもかかわらず記載させていない」「不適切な代書、他人名義の印章使用」など、意図的な不正が疑われる。

事案ごとに「違法行為」なのか、それとも「社内規定違反」にとどまるのかは、郵政グループが内部で判断している。金融庁に報告しなければならない不正の件数を少なくするために、本来は「違法行為」であっても「社内規定違反」と過小評価しているケースもあるのではないか、という疑念が湧いた。

3年間で1万件以上の苦情

そんな疑念を強くさせたのは、顧客からの苦情に関する資料だ。18年までの3年半に寄せられていた営業に対する苦情は、約1万4000件もあったと記されている。

苦情の内容も、ただのクレームではなかった。

「孫名義で300万円と200万円の定期貯金にしてほしいと希望して申し込んだのに、送付されてきたのは保険証券だった。郵便局員の説明に納得がいかないので、払い込んだ保険料全額を返金してほしい」

「父が保険契約の申込みを行ったが、高齢で以前から物忘れがひどい状態で、契約内容を理解できていない。二世帯住宅で一緒に暮らしているにもかかわらず、家族の同席がなかった。全額返してほしい」

「父は郵便局員から『相続対策です』と言われ、複数の保険契約に加入した。保険契約は全部で13件であり、月額保険料が50万円近くになっている。90歳の高齢の父にとって高額であり、どれぐらい加入しているか理解していない」

16年4月から12月までに寄せられた苦情4483件について分析した「苦情事例集」によると、全体の約半数に当たる2349件が「重要事項の説明がなかった・説明と違っている」という苦情。次いで多い606件は「加入した覚えがない」という内容だ。説明不足はまだしも、契約した覚えがないのに、保険に加入していることなど、通常は考えられない。

こうした苦情件数に対し、「違法」や「社内規定違反」と認定された件数は少なすぎるように思える。苦情1件1件について、適切な調査が行われているのだろうか。

空虚な周知と呼びかけ

不正が相次いで発覚し、顧客からの苦情が絶えない実態を、運営元の日本郵便は深刻に受け止めているようだった。

同社は毎月、「適正募集ニュース」という数ページの文書を各郵便局向けに発行し、適正な営業を呼びかけていた。「募集」とは、保険の勧誘や販売を意味する専門用語だ。

2017年8月号の「ニュース」には、こんな見出しが付けられている。

「不適正募集（金融庁届出事案）が次々と発覚しています！」

同年12月の「ニュース」でも「お客さまに誤認を与えていたことに起因する苦情が後を絶ちません」と伝え、苦情の事例を列挙している。

・「マイナンバー制度により、預金を全部知られてしまう」「お金がある人は老人ホームに入れ

ない」などと虚偽の内容を説明して保険に加入させた
・「子どもさんの名前を付けて残しましょう」と提案し、貯金と誤認させて契約させた
・顧客が「家族が不在なので帰ってほしい」と伝えたのに、保険を勧誘し、4時間も自宅に居座った

そして最後には、「苦情ごとの問題点と適正募集のポイントを確認して、適正な営業活動を実践し、お客さまから信頼される郵便局を実現しましょう」と呼びかけている。

他の月の「ニュース」でも毎月のように、「局員から『400万円の保険料で保障が500万円になる』と説明を受けたのに、実際は保険料が500万円で保障が400万円だった」「何かの書類に署名はしたが、保険契約を申し込んだつもりはない」といった苦情内容を紹介。最後に、「不適正募集は必ず発覚します！」「不適正募集を行った場合、人事上の懲戒処分に加え、募集人資格が取り消され、募集業務に従事できなくなります」などと注意喚起するのがパターンになっていた。

信頼を逆手に取った不正

現場はこうした文書を、どのように受け止めているのか。Aさんに尋ねると、こんな答えが返ってきた。

「誰も真剣に読んでいません。不正が起きても『またか』という感じです。上司が『正しい営業をしよう』なんて言うことはまずなく、『目標を達成しろ』と圧力を掛けてくるだけ。無理なノルマさえなくなれば、不正もなくなるはずなんです」

17年11月号の「ニュース」では、同年度に発覚した13件の不正事案について、局員の動機を分析している。最も多いのは「実績ほしさ」(11件)。このうち1件の不正を起こした局員の心情についてこう説明している。

「自分よりも若い社員が実績を挙げる中、先輩社員として、同じ班の班員よりも販売実績を挙げなくてはならないと考えていたものの、自身の販売実績は低迷しており、1件でも多くの販売実績がほしいと考えていた。問題ないだろうと自己正当化し、不適正募集を行った」

背景に過剰な営業ノルマがあると推測できそうだが、文書では、ノルマの問題には触れず、「実績がほしいのは、募集人の都合です。たとえ実績が低迷していても、不適正募集は絶対に行ってはいけません」と当たり前のことを呼びかけているだけだ。

入手した資料によると、NHKの番組が保険営業の問題を特集した18年4月以降も、不正事案は繰り返されていた。

同年12月号の「ニュース」には、全国の消費生活センターに寄せられた相談について「郵便局の生命保険に関する相談は、他社の相談件数が減少する中、逆に増加傾向にあります。相談内容には、高齢者募集、乗換契約、多数契約に関するものが多いという特徴があり、これらは他社にはあまり見られないものです」と危機感が示されていた。

資料を読み進めるにつれ、深刻な実態が見えてきた。郵政グループは、不正が頻発する事態を把握していながら、有効な対策を打てず(あるいは打たず)、事実上、野放しにしているとしか思えない。郵便局に対する信頼を逆手に取って行われている不正だけに、なおさら悪質だ。

記事への反応は無風

Aさんとのやりとりを始めてから5カ月、最初の記事を書き上げた。

「郵便局員　違法営業68件／保険　高齢者と強引契約／内規違反も440件／15年度以降」（2019年3月18日付、西日本新聞朝刊一面）

全国の郵便局で2015年度以降、局員の保険業法違反に当たる営業行為が68件発覚し、監督官庁の金融庁に届け出ていたことが関係者への取材で分かった。内規に違反する不適正な営業も約440件に上ることが判明。保険の内容を十分理解していない高齢者に無理やり契約を結ばせるなど、悪質な事例が目立っている。

記事を出すに当たって、私は日本郵便に対して見解を尋ねていた。広報室からの文書による回答はこんな内容だった。

「不適正な営業を発生させないという取組みを推進している中で、不適正募集が根絶できていないことは極めて残念であり、真摯に受け止め、改善に向けた取組みを一層強化しているところです。個々の社員への営業目安の設定については、各社員とできるだけきめ細かく対話しながら、役職や社員の経験年数等を踏まえ、社員が納得する形で設定しています」

「改善に向けた取組みを強化している」との答え。だが、不正を生む最大の要因であるノルマに関し、「社員が納得する形で設定している」との回答をみるかぎり、本質に向き合おうという姿勢を感じ取ることはできなかった。

報道に対し、郵政グループは声明を出すこともなく、他のメディアが後追い記事を出すこともなかった。まるで手応えはない。

唯一の反応は、私の携帯電話にかかってきた知らない番号からの着信。相手は郵政グループの幹部を名乗り、「もし次に記事を出すことがあれば、事前に連絡を頂けないだろうか」と求めてきた。続報が出るかどうか、気にしているようだ。私は「取材を続けるつもりだ。記事を出す際には、改めて御社のコメントを求めることになると思う」と答えた。

Aさんに尋ねると、「職場では記事の話題で持ちきりだった」という。しかし、上司や会社には何の変化もなく、ノルマの達成を求められる毎日が続いていた。

全国で行われる詐欺まがいの営業

表立った反応はなかったものの、この報道をきっかけに、取材は静かに進展することになる。記事は、西日本新聞の発行エリアである九州の読者向けの新聞紙面に掲載されただけでなく、インターネット上でも配信され、全国の郵便局関係者や、顧客から情報が寄せられるようになったのだ。

電話で話を聞いた関西地方の女性は、まくし立てるように語り出した。

「私の母も、郵便局員から望まない生命保険を契約させられました。担当者に『解約したい』

と申し出ても、あれこれ話をはぐらかされて、応じてくれません。悪質極まりないです」

女性は2カ月前、福岡県で一人暮らしをしている78歳の母親が加入している保険の内容を知り、不信感を持つ。病気に備えた「特約」が付いてはいるものの、支払う保険料約800万円に対し、死亡保険金は500万円。「300万円を捨ててしまう保険だ」と思った。母親に尋ねると、「何度も『必要ない』と言ったけど、郵便局の人が帰ってくれないのでサインをした」と打ち明けたという。

母親が契約したのは2年前。自宅に二人の局員がやって来た。母親にとって、郵便局はなじみが深く、知り合いの郵便局長もいる。警戒することなく二人を家に上げた。局員たちは、母親が既に加入していた保険について、「この契約では、お母さまに万が一のことがあったとき、娘さん（女性のこと）だけが相続することになり、息子さん（女性の弟）には遺せませんよ」と説明した。

母親は「大丈夫です」と断ったが、繰り返し説得され、利率の悪い保険に乗り換えてしまった。後悔して解約を申し出たものの、局員は「2年ぐらいは契約しておいた方がいいですよ」などと言い、応じてくれなかったという。女性がこの局員に電話をかけて問いただしたところ、「お母さまのご希望だったんですよ」と悪びれずに答えたのだそうだ。

女性は「母は『だまされてすまなかった』と言って落ち込んでいる。オレオレ詐欺と同じですよ。高齢者は郵便局を信頼しているから、もっと怖いと思います」と語る。

この他にも、九州、中国、関東などから10件ほどの「被害」の情報が寄せられた。どれも奇妙なほど、経緯が似ていた。

外回り担当の局員が高齢者宅を訪れる。高齢者は、郵便局だと安心して家に入れる。局員は十分な説明をしないまま、あるいは誤解を与えるような説明をして契約をさせる。家族が契約内容を知り不審に思う。担当局員やコールセンターに抗議をするが、「ご本人が契約書にサインをしている」との理由で返金には応じてくれない――。

ある郵便局員は「苦情があっても、お客さんをなだめたり言いくるめたりして表沙汰にならなければ、不祥事とは判断されないんです」と打ち明けた。家族が繰り返し抗議した結果、保険料の返金を受けた顧客もいたが、その際には、郵便局側から「本件に関する一切の事情を第三者に開示しない」という口止めのような書類への署名を求められている。

マニュアルでも存在するかのような、高齢者を標的にした詐欺まがいの営業。泣き寝入りしている高齢者が多数いるのではないかと思えた。

月20万円以上の保険料

「今日は来てくださってありがとうございます。どうしても怒りが抑えられなくて、御社に連絡を差し上げたんです」

2019年の初夏。山口県のファミリーレストランで取材に応じた男性(37)は、そう語ると、かばんの中から保険の証書を次々に取り出した。1年ほどの間に、母親(71)が契約させられたものだという。

男性が広げて見せてくれたノートには、これまでの経緯が細かく記録されていた。

「家中を調べると、次々に契約書が発見され事の重大さが発覚」
「月額24万円、とんでもない金額」
「民間の生命保険の人に相談。余りの事柄（件数、金額、頻度）に驚愕され、すぐに解約された方が良いと勧められる」
「天下の郵便局がこんな事をするとは」
「これは犯罪行為である」

前年6月、母親宅に泊まりに来ていた親族が、郵便受けの中に郵便物がたまっているのを見つけたことが発端だった。

「保険料払い込みのお願い」と書かれた督促状が2通。いずれも差出人は「かんぽ生命」と書かれている。口座の残高不足で保険料が引き落とせなくなり、支払いを求める内容だ。請求された金額は、計42万円にも上っていた。

親族が母親宅を調べると、次々に保険の証書が見つかった。かんぽ生命の保険が8件、郵便局が販売業務を請け負うアフラックと住友生命の保険が計3件。契約日を見ると、17年5月だけで5件、その後も毎月のように契約が締結されていた。

母親は、物忘れの症状が進んでおり、後に軽度認知症と診断されている。小学生のころから引きこもりがちの長男（男性の兄）と二人暮らし。男性が尋ねても、母親は「郵便局の人に任せているから」と話すばかりで、母も兄も保険の内容について全く理解していない。貯金残高がなくなっていることにも気づいていなかった。

月額の保険料は多い月で20万円を超えている。母親の年金収入は毎月13万円で、支払い続けられるはずがなかった。

貯金口座を確認すると、最初の契約から10ヵ月後に残高は底をつき、直後に75万円の入金の記録があった。調べると、保険料の支払いに充てるため、既に契約した保険を担保にして、かんぽ生命から貸し付けを受けていたのだった。それでもすぐに残高不足になり、督促状が届いていた。約1年間で、支払った保険料は200万円以上になる。

母親への保険営業を担当していたのは近くの郵便局の「金融渉外部」の課長と主任だった。男性がそれぞれに電話をかけて問い詰めたが、二人は「ご自宅を拝見したところ、資産家だと思っていました」などと言って反省する様子もない。そして平然と言い放った。

「さらに貸し付けを受ければ、引き続きお支払いできますよ」

納得できない男性は、郵便局を相手に返金を求めて交渉を続けた。相手はなかなか応じず、仕事の合間を縫って弁護士に相談したり、母親に判断能力がないことを証明するために病院に連れて行って認知症の診断を受けたり。アフラックや住友生命の保険は、郵便局員が勧誘して契約させたにもかかわらず、「郵便局では対応できない」と言われ、自分で各社と交渉しなければならなかった。

半年後、郵便局側は、ようやく全ての保険契約を無効にすると連絡してきた。だが、結果的に、支払った保険料が戻ってくるだけだ。交渉を手伝うために遠方から駆け付けてくれた親族の交通費など、少なくない出費を強いられた。そして何より、精神的に参ってしまった。

男性は、ファミレスのテーブルに広げた11枚の保険証券を見つめながら、悔しそうな表情を浮かべて言った。

「20年ほど前に亡くなったうちの父親は、この郵便局で配達員として働いていたんです。地域に身近な郵便局が、お客の財産を奪うようなことをするなんて、本当に許せません」

郵便局側は男性に、母親への営業を担当した局員は社内処分されたと説明したが、詳しい処分内容は明かしていない。

ここまで悪質な営業行為は、保険業法違反の不正事案として金融庁に届け出ていなければおかしい。私はそう考え、Aさんたちから提供を受けた内部資料をめくった。近年発覚した違法営業は全て記載されているはずだが、この事案は含まれていなかった。内部では、違法な案件とは判断しなかったようだ。

私は男性の母親宅を訪れた局員たちのことを考えた。自分の母親や祖母のような年齢の女性を相手に、どんな顔をして保険の勧誘をしたのだろう。良心の呵責はなかったのだろうか。

数字至上主義の金融渉外部

このころ、関東地方の郵便局員から1本の動画が送られてきた。東京のある郵便局が、保険営業で高い実績を挙げたことを祝うために開いた祝賀会の様子だという。

壇上に立つのは若い男性。全国でも指折りの実力がある外回りの営業マンなのだそうだ。

動画の中で、男性は、上司を「チンピラみたいな本部長」と呼んで会場の笑いを誘いながら、「多大なるご支援ありがとうございました」とスピーチをしている。刈り上げた頭髪、両手を腰に当てながら話す身のこなしは、郵便局員のイメージとはかけ離れていた。

傍らには、シャンパンタワー用に積み上げられたグラス。背景に「2019年度○○郵便局赤道突破祝賀会」と書かれた横断幕が掲げられている。「赤道突破」とは、上半期の目標達成を表す隠語だ。

動画を送ってくれた局員は「外回りの局員にとっては数字が全て。実績さえたたき出せば、ヒーローのようにもてはやされるんです」と話した。

外回り担当の局員は「渉外社員」と呼ばれる。全国に1万数千人おり、約1100ヵ所の大型郵便局の「金融渉外部」に所属している。

私は、2018年度の、全国の渉外社員の営業成績を記した順位表を入手した。

全国トップの東京の渉外社員の保険販売実績は、月額保険料に換算して約3100万円。当時、一人当たりの平均的な営業ノルマは300万円と聞いていたから、一人でその10倍を稼いだことになる。月額1万円の保険料の契約なら、月に約260本、1日当たり9本近くも取った計算だ。

渉外社員は、契約を取るたびに、給料とは別に営業手当を支給される。成績上位者は、その額が年間1000万円以上。「ダイヤモンド優績者」「ゴールド優績者」などと格付けされて表彰を受け、食事会や海外旅行などでもてなされるという。

彼らはどんな営業をしているのだろう。ノルマの厳しさを訴える局員とは何人も知り合ったが、高い営業実績の渉外社員に出会うのは難しかった。つてをたどって電話をかけたり、自宅を訪ねたりしても、取材を断られる日が続いた。思案に暮れていると、ある地方都市の郵便局に勤めている渉外社員の男性から連絡があった。

「郵便局で何が起きているのか知ってほしい。しっかり聞いてくれるのでしたら、お話しします」

「乗り換え契約」という禁じ手

男性は民営化前から保険営業一筋で、毎年、平均的な営業ノルマの2倍近くの契約を取っていた。所属する日本郵便の地方支社管内では上位の成績で、何度も表彰されたことがあるという。

男性は「自分で言うのも変ですけど、バリバリにやっていた方だと思う。2、3年前までは、クリアな営業ができていました」と言った。

バイクで顧客宅を回り、身の上話を聞きながら、相手の将来設計に合った保険を提案する。顔なじみになった顧客から、育てた野菜をお裾分けしてもらうこともあった。

「郵便局の仕事は地味ですけど、地域の人の役に立てている実感があって、やりがいがありました」

壁に突き当たり始めたのは2016年ごろ。商品の改定により、保険料が値上げされたためだ。

郵便局が主に取り扱うのは、貯蓄型の生命保険。死亡時に保険金が出るだけでなく、10年の満期を終えると、貯まった満期保険金が戻ってくる仕組みになっている。かつての高金利の時代には、支払った保険料より多くの満期金をもらうことができたため、貯金のようなイメージで加入していた高齢者が多い。

しかし、低金利の時代に入り、満期金は支払った保険料を下回るようになった。それに加え、販売元のかんぽ生命保険は、民営化後も政府の関与が残っており、民業圧迫を避けるための規制がかかり、自由な商品開発ができない。他社と比べて取り扱う保険商品がどんどん見劣りしていく。新規の契約を取るのが難しくなっていった。

それでも、全国トップクラスの渉外社員たちは、変わらず実績を挙げ続けている。男性は「どんな営業をしているのだろうか」と疑問を持ち、彼らの契約内容を調べてみた。ほとんどが「乗り換え契約」だった。既に加入している保険を解約し、新たな契約を結ぶ手続きだ。

乗り換えの場合、保障内容が良くなるというメリットがある反面、解約に伴う損失があったり、保険料が上がったりといったデメリットも多い。男性はそれまで、顧客に乗り換えを勧めたことはなかった。後輩が実績稼ぎのために乗り換え契約を取ってきた時には、「お客さんが損するような営業はしたらいかん。一緒について行ってやるから、乗り換えだけはするな」と指導していた。

次第に実績が下がり、焦りが募っていった。支給される営業手当が減り、生活水準も維持できなくなりそうだった。

「俺もやるしかない」

ある日を境に、乗り換えに手を染めるようになった。なじみの顧客宅を訪れ「新しい商品が出ましたよ」と声をかける。既に加入している保険の解約を勧め、解約に伴う返戻金を原資に新しい保険に入らせる。顧客に多少の不利益があっても、メリットを強調して納得させる。そんなことを繰り返すうちに、「良心が麻痺していった」という。

「自分のためでもあるし、職場のためでもあるんです」

男性は苦悶しながら打ち明けた。

所属する局には、毎日のように支社の幹部から電話が入る。

「今日の目標は達成できるのか」

「全然数字が上がっていない社員がいるだろうが。もっとアポを入れさせろ」

電話を受け、防波堤になってくれるのは、気の優しい上司の金融渉外部長だ。

局の実績が低迷し続けると、支社の幹部数人が直接局にやって来て部長に詰め寄り、「飛ばすぞ」などと怒鳴り声を上げていた。幹部らが帰った後、「大丈夫ですか」と声をかけると、部長は「腹が立つけど仕方ない。今日の目標が達成できなかったら、呼び出しだと言われたよ」と力なく笑う。男性は「何とかして助けないと」と焦った。

求められるのは、その日その日の数字だ。顧客リストで乗り換えができそうな客を探しては訪問し、「良い商品なんですよ」と言いながら「即決」してもらう。以前のように何度も家に通い、納得してもらってから契約を取ることなどできなくなっていた。

1年前の4月、ＮＨＫの番組が郵便局の保険の不正営業について特集したとき、「これを機に会社が変わってほしい」と祈るような気持ちになった。だが、放送後も状況は一向に変わらない。「誰が取材に応じたんだ。犯人を見つける」と苛立つ幹部もいた。

まともな営業ではとてもこなせないノルマ。局員たちは競うように乗り換え契約を続け、次第に乗り換えを提案できる客もいなくなった。指導役の「インストラクター」を務める同僚に尋ねても「俺らも、どうやって教えていいか分からん」と言う。堂々と、乗り換えを客に勧めるよう不適切な指示を出す幹部がいる一方で、会社からは「適正な営業をしましょう」と形だけの指示文書が送られてくる。

「これ以上、お客さんに迷惑をかけたくない。もう限界です」

男性の表情には、絶望感がにじんでいた。

不適切な勧誘の数々

乗り換え契約に関しては、他にも証言があった。

中国地方の渉外社員が明かしたのは、乗り換えに伴う「2年話法」だ。

渉外社員たちは、本来は目的外の利用が禁止されている、ゆうちょ銀行の貯金データを閲覧しては、2年分の保険料が支払えそうな顧客を物色する。自宅を訪問し、「まずは2年間、加入してみましょう」と勧め、2年分の保険料を前払いさせる。そして、2年がたつと、同じような保険に乗り換えさせるのだ。

なぜ2年かといえば、担当した契約が2年以内に解約されれば、渉外社員は契約に伴って受け取った営業手当を返納しなければならないというペナルティーがあるからだった。私が入手した内部資料には、契約からの経過期間ごとの解約件数を記した折れ線グラフが載っており、2年経過直後の解約件数が突出している。

ひどい場合は、2年が経つたびに乗り換えを繰り返させられている顧客もいた。こうした不自然な契約は、上司が承認しているうえ、委託元のかんぽ生命も把握していた。

局員たちはこの他にも、契約を取るためのさまざまな不適切な手口を証言した。

当時、郵政グループの社内規定では、70歳以上の高齢者に営業する際は、家族の同席が必須とされていた。だが、息子や娘が同席すれば手間がかかり、断られる可能性も高くなる。このため、「家族が遠方に住んでいる」「本人が希望しない」といった場合には家族同席が必要ないという例外規定を悪用し、高齢顧客に「同席は必要ありませんよね」などと誘導する渉外社員もいるという。

これを裏付けるように、「高齢の父親が、家族が知らないうちに強引な契約をさせられた」と訴える男性が、郵便局側から契約書類を取り寄せたところ、徒歩圏内に家族が住んでいるにもかかわらず、「遠方に住んでいる」の欄にチェックが入れられていた。

「話法」に関する証言もあった。

関東地方の若手の渉外社員は、「インストラクター」の営業に同行し、「生前贈与話法」を目の当たりにした。

インストラクターは、高齢の女性とその娘に「天国までお金を持って行ったら、娘さんが困りますよ」などと軽妙な語り口で勧誘し、「毎年100万円を娘さんの通帳に動かして、保険の形で預けてもらえば、相続税も贈与税もかかりませんよ」と話し、契約書にサインさせたという。

一見、説得力のある話にも聞こえるが、相続税対策のためなら生前贈与すれば済み、保険に加入する必要はない。そもそも、相続税の課税対象にならない家庭もある。インストラクターはそんな説明は一切しなかったそうだ。

「マイナンバー話法」「介護施設話法」「凍結話法」――。勧誘の「テクニック」は次々に生み出され、それを学ぶための勉強会が各地で開催されているという。

北海道の30代の男性が勤めていた郵便局の金融渉外部では、「今日のばあさんは良い人だったから、何とか言いくるめて契約を取ってきたわ」といった先輩社員たちの会話が日常的に飛び交っていた。男性が顧客宅を訪れ、身の上話に耳を傾けたものの契約には至らなかった際には、「そんなのは営業とは言わない。くだらない話をせずに、さっさと切り上げて次に行け」と怒鳴られた。「相手はカネだと思え。下手な同情はいらない」と言う上司もいた。

「お客さんをだましてまで仕事を続けるべきなんだろうか」

男性はうつ病を患い、1年ほどで退職した。

「まるで振り込め詐欺のアジト」

「記録と記憶に残るラストスパート!」。2019年4月1日、四国の各郵便局にスポーツ紙を模した「四国スポーツ　号外」が配布された。

作成したのは日本郵便四国支社。全国の支社の中で唯一、しかも6年連続で保険営業目標を突破したと伝え、「この伝統を次年度以降も続けていきましょう!」との支社長コメントも掲載されている。

目標を達成したのは年度最終日の3月31日。支社内が喜びに沸く中、ある男性局員は31日当日の契約データを見て驚いた。局員の家族とみられる人物が契約者になっている契約や、営業実績としてカウントされた後に入金もないまま失効している事例が次々に見つかったのだ。男性局員は「目標達成の実情は、自腹契約とカラ契約だったんです」と言った。

取材に応じた渉外社員たちは、口々にノルマの厳しさを訴えた。

渉外社員たちの1日は、毎朝の朝礼で、その日の目標をたたき込まれることから始まる。局内の壁に、社員ごとに「○日までにやります」と書いた宣言書が張り出され、達成できた社員の分だけが剝がされていくという郵便局もあった。

ノルマが課されるのは、契約額だけではない。アポ電の数、顧客宅への訪問件数、見積書の作成枚数、そして契約件数まで、個人ごとに全ての数字が管理されている。「君は平均すると1日に○件の電話、○件訪問をして、○件しか契約が取れていない。この割合を考えれば、もっと電話と訪問を増やさないとダメだ」などと指示されるのだ。

関西地方の渉外社員の男性は、「1日5件はアポを入れろ」と指示されていた。アポイントが取れていなければ、一日中部屋にこもり電話をかけさせられる。多い日には50件。保険勧誘という本来の目的は告げず、「相続税対策のご提案があります」「お会いしてお伝えしたいことがあります」と表向きの訪問理由を説明するのだ。

「まるで振り込め詐欺のアジトみたいだ」

受話器を握りながら、男性は罪悪感に苦しんだ。

アポが取れ、訪問した顧客からは「しょっちゅう郵便局から電話がかかってくる」「今日来られた郵便局員さんは、あなたで3人目ですよ」と言われることもあった。「一体、郵便局は何をしているんだろう」とむなしくなった。

この男性は「保険営業の現場で起きていることを伝えたい」と言い、面会して話を聞かせてくれていた。取材の途中でしばらく黙り込むと、意を決したように言った。

「僕は2回、お客さんを騙して加入させたことがあります」

このうち1度は、「不告知教唆」の不正だった。本来は持病があって保険に加入できない顧客に対し、「それぐらいの病状なら大丈夫ですよ」と話し、告知しないよう促した。顧客は病気が悪化して入院し、保険金を請求したものの、かんぽ生命は「告知義務違反」があったとして支払いを拒否した。顧客は「局員に告知しなくていいと言われた」と抗議したが、男性は社内の調査に「そんな説明はしていない」とうそをつき通したという。

男性は心を病み、心療内科に通っていた。

「騙して申し訳なかった。契約を取らないと、局に帰れなかったんです」

震える声で語った男性の目から涙があふれた。

つるし上げによる休職者が続出

ノルマが達成できない渉外社員に待っているのは、懲罰研修だった。

日本郵便近畿支社の研修に何度も参加させられた渉外社員が証言する。

研修会場で待っているのは、支社の金融渉外本部長や、「専門役」「指導役」と呼ばれる幹部たち。呼び出された渉外社員たちは、持参した反省文を手渡すのだが、幹部らは目を通すこともなく、「『頑張ります』っていう言葉なんかいらん。いつまでにナンボすんねん。ここで宣言しろ」と恫喝してくる。

渉外社員らの釈明に納得がいかなければ、幹部らの叱責はさらに過熱し、「足を引っ張ってんのはオマエや。ここで土下座せえ」「各局の金融渉外部に行って、頭下げて来い」と怒鳴り散らした。目標に足りない額を借金に見立て、返済を迫るような場面もあったという。

中国地方の渉外社員は研修での「ロープレ」が苦痛だったと話す。ロールプレイングの略語らしく、出席者たちの前で、順番に顧客への営業を実演させられる。上手にできなければ会場から失笑が漏れ、緊張から途中で何も話せなくなる同僚もいた。この渉外社員は「研修とは名ばかりのパワハラ。数字が上がらない責任を個人に押しつけ、つるし上げるためだけのものだった」と悔しがった。

厳しい締め付けによって、退職者や休職者は相次いでいた。「うちの金融渉外部では、新卒が3年以内に7割辞め、通年募集している中途採用者も陰湿な空気に嫌気が差してすぐに辞めます」（九州の渉外社員）という職場もある。

そんな状況を、上層部は容認していた節がある。各局の営業目標は、渉外社員の人数を基に算出される。実績が低迷した社員がいない方が、目標を達成しやすくなるのだ。心を病んで休職していたある渉外社員は、幹部から電話で「今年度はずっと休んでいてくれ」と求められたと打ち明けた。

パワハラの連鎖

渉外社員たちにノルマの達成を求めていた各郵便局の現場トップ、金融渉外部長たちもまた、その上から強い圧力を掛けられていた。

２０１８年7月、日本郵便近畿支社が開いた会議。支社幹部らと、管内にある各郵便局の金融渉外部長たちが出席していた。実績が低迷している局の部長たちが、「6月の反省と7月の挽回策」について発言させられ、支社幹部らが厳しい言葉を投げかけていく。
私の手元には、当日のやりとりを録音した音声データがある。これから紹介するのは、支社幹部とある部長とのやりとりの一部だ。「○%」という数字は、年間目標を100%とした際の、月間、あるいは1日当たりの進捗度合いを指している。

支社幹部（以下、幹部）「部長、今月、何%数字だしてます？　やる数字」
部長「今月の目標は12・06（%）です」
幹部「ですよね。先月、何%できました？」
部長「2・47です」
幹部「ほう、約5倍の数字ね、今月」
部長「はい」
幹部「実際、今月、昨日現在で1日当たり0・13。掛ける21営業日だと、先月と同じぐらいのレベルで終わるんちゃいます？」
部長「あの、このままいけばそうなりますけど……、なかなか進んでいないというのは、訪問先の見込みの件数が出てこないところに原因がありますので、改めてきっちりアポを取って……。あの、いま「（1日に一人当たり）8件回りなさい」という話をしてまして、実際のところ、8件はなかなかできてなかったかなという反省がありますんで、きっちり面談できるところを作っていくという形で……、あの、アポを取らして、提案書もきっちり作って……」

（略）

幹部「部長になられて何年ですか」
部長「管理者になってから10年になります」
幹部「ですよね。なんか、いまの言葉聞いてたら、今年部長になったんかなっていう言い方ですよね」
部長「……まあ、訪問先がきちんと確認できてないのが大きな原因やと思いますので、再度、徹底していくしかないかなというのは感じてますんで」
幹部「徹底してという話ですが、それ、徹底してできてないから、今月こんなんなってるんとちゃいます？」
部長「その、訪問先の確認と、毎日、現状のスピード上げるための勉強会も入れていきますんで。意識を持ってもらう材料を与えていこうと思いますんで」

（略）

幹部「今月、ここまで遅れるまでに、たとえば火曜日なりに定点チェックとか、水曜日に緊急会議とか、開きました？」
部長「その……、毎日、現状とこれだけやっていかなならんというのは、毎日やっている状態です」
幹部「あのね、言うだけで社員に伝わってないと思いますわ」
部長「はい」

（略）

部長「設計書は作るようにしてるんで、その設計書が、作ってるけど契約に結びついてないというのは、訪問先の内容が、きちんとこっちも把握できてない、アドバイスできてないところは、契約に結びつけてないかなと」
幹部「それを精査して調べてきちっとやるのが部長の仕事ちゃいます？」
部長「はい」
幹部「もうちょっと、部長として腹くくってください」

近畿支社の幹部らは、実績が低迷している他の局の金融渉外部長たちに対しても、アポイントの取得件数や訪問件数などの細かなデータを示しながら、前月までの反省点や今後の挽回策を問いただしていった。部長たちが、しどろもどろになりながら、「今月は必ずやります」と述べると、「いくらきれいごと言うたかて、最終的な数字が挙がらんかったら一緒ですよ」「有言実行でお願いします」と結果を求めた。そして、この日は発言の機会がなかった低迷局の部長らに対し「あなたたちが近畿の足を引っ張ってるということを自覚してください」と言い放った。

この会議が開かれたのは、NHKの番組が放送されてから約2カ月しかたっていない時期だ。だが、約1時間にわたる会議の中では、適切な営業を指導する発言は一切なく、終始、数字だけを求める指導が行われていた。

ある渉外社員は「優しい部長は、目標未達の責任を自分でかぶり、次々に左遷されていった。その一方で、パワハラ系の部長たちは、下を追い詰めて数字をたたき出し、出世していったんです」と話す。高い実績を挙げている部下が不正な営業をしていても、上司は見て見ぬふりをしているという証言も相次いだ。北陸地方の渉外社員は「なじみのお客さんが不利益な契約をさせられそうになっていたので、契約しないように助言したところ、そのことを伝え聞いた幹部から『営業妨害をするな。今度こんなことをしたら処分するぞ』と恫喝された」と話している。

2019年2月、日本郵便とかんぽ生命の社長が内部向けに連名で出したメッセージには、「今年度のかんぽ営業については、たいへん厳しい状況が続いています。『やると決めた推進は、必ず達成する』という強い信念を持って、総力を結集し、営業スキルを存分に発揮していただきたい」と記されている。

郵政グループの中枢は、経営状況を元にはじき出した営業目標を設定し、中間組織である日本郵便の支社を通じて現場に過剰なノルマを課し続けた。その結果、モラルを失った社員は詐欺まがいの営業を繰り返す。一方で、良心の呵責に耐えられなかった社員は心を病み、休職、退職に追い込まれていたのだった。

「正念場です！　今が正念場です！　毎日が正念場です！」

幹部からのこんな指示文書を目にした九州の渉外社員は力なくつぶやいた。

「この会社は完全に狂っている。無謀なインパール作戦のようだ」

日本郵政の会見

Aさんからの情報提供を基に郵便局の保険の不正営業について最初に報じてから、2カ月後の２０１９年5月。私は、その後の追加取材の結果を記事にまとめ、顧客が受けた「被害」の実態や、過剰なノルマについての続報を出した。

翌6月には、朝日新聞が「かんぽ生命 不適切な販売」という見出しで記事を出した。取り上げたのは、従来の契約を解約して新規に保険に入り直す、あの「乗り換え」に関する問題だった。この記事によれば、かんぽ生命が社内調査をしたところ、「外形的にみて顧客にとって乗り換えの経済合理性が乏しい」と判断された契約が約５８００件あったという。金融庁が調査に乗り出した、とも書かれていた。

だが、こうした報道を受けても、郵政グループの態度は変わらないままだった。直後にあった定例の記者会見で、グループのトップ、日本郵政の長門正貢《まさつぐ》社長は、乗り換え契約について、「しっかりお客さまのサインもいただいている案件ばかり。法令違反があったとは思ってございません」と述べた。

営業ノルマが背景にあるのではないか、という質問に対しても、「お客さま重視の方向に動いてきておりますので、『ノルマがあったからこういうようなことをやってる』という議論については、にわかにくみしたくないなと私は感じております」と、独特の表現で否定した。私が取材してきた現場の肌感覚とは、あまりにもかけ離れた言葉だ。

長門社長会見の3日後の19年6月27日、郵政グループは、顧客にとって不利益となる乗り換え契約が、過去5年間に約2万４０００件あったと発表した。しかし、「顧客は契約に同意していて違法性はない」との立場を崩さなかった。外形的には不利益な契約になっていても、顧客が希望した内容であり、契約書類に署名ももらっているので、営業行為としては何ら問題がなかった、という理屈なのだ。

乗り換え潜脱

現場に出される指示は、何も変わっていなかった。九州のある地区内の各郵便局に届いたメールには、「実績ゼロで定時退庁ですか？　ありえません！　やるのかやらないのか、この際ハッキリしていただきます。明日から、全社員超勤3H（註・3時間残業の意）で取組んで結果を出すこと！」と書かれていた。日本郵便四国支社の幹部が、現場の渉外社員らに宛てて出した文書には「お客さまから『（報道に負けずに）がんばって』等、励ましのお声もいただいています」と記し、「自信を持ってかんぽ営業に臨みましょう」と呼びかけている。

この頃になると、西日本新聞には、郵便局関係者からの情報がせきを切ったように寄せられるようになった。

「内部でいくら声を上げても邪魔者扱いされるだけです。メディアの力を借りてこの機会にメスを入れないと、郵政グループはずっと変えられません」

そんな切実な声ばかりだった。

郵政グループに非を認めさせるには、不正な営業が広く行われていることを示す確かな証拠を突きつけるしかなさそうだ。そんな高い壁を感じていた2019年6月末、1通の情報提供メールが届いた。

「保険業法違反に当たる重大な手口があります。膨大な数の契約が、この手口を使って行われています」

詳細を聞かせてほしいと依頼すると、メールの返信があった。相手は郵政グループ内での自らの立場を明かした上で、「ここを突いたら、郵政グループは立ち直れないかもしれません。しかし、恥ずかしいことながら、外部からしか変えられないのです。お客様のために力を貸してください」と葛藤する胸の内を記していた。

この関係者が明かしたのは、乗り換え契約の際、郵便局員たちが意図的に、新旧の保険料を二重に支払わせているという悪質な営業手法だった。

乗り換え契約は顧客の不利益につながってしまうため、郵政グループでは、局員が安易に提案を行わないよう、乗り換えの際の営業手当や実績を「新規契約の半分」と定めていた。だが、営業現場では、この規定をかいくぐるための「乗り換え潜脱《せんだつ》」と呼ばれる手法が広まっているというのだ。

郵政グループの内部規定では、新しい保険に契約後、6カ月以内に古い保険を解約したケースを「乗り換え」と定義していた。つまり6カ月経過後に旧保険が解約されれば、新規契約とみなされ、満額の手当と実績が手に入る。これを悪用し、「新契約の申し込みから6カ月間は、旧契約を解約できません」と虚偽の説明をして、解約を意図的に遅らせる手口が相次いでいるという。

顧客は6カ月以上も、新旧の保険料を二重に支払わなければならない。郵便局の生命保険は貯蓄型で保険料が比較的高いため、月額の保険料が1万円を超えることも珍しくない。局員の勝手な都合で、不必要な出費を強いられていることになる。

この関係者は裏付ける証拠として、二重払いを多数発生させた郵便局や局員の氏名をリストアップした内部資料を提供してくれた。資料の中では、二重払いさせる契約を「乗換契約（後7）」と呼んでいる。

新契約から7カ月目に解約させているので「後7」と呼んでいるのだとは分かったが、この表現が妙に気になった。過去にどこかで見た記憶があったのだ。

約半年前にAさんたちから提供を受けた資料を改めて見返してみると、やはり「後7」という言葉が見つかった。しかも、16年度約6400件、17年度約8500件、18年4～12月は約7000件という件数まで書かれている。資料を入手した当時は、言葉の意味が分からず読み飛ばしていたのだった。内部向けに注意喚起した別の資料には、「お客さまの不利益となる行為であり絶対に行ってはいけません」と記載されている。そんな契約が、3年弱の間に合計して約2万2000件も発生していたのだ。

保険事業を監督する金融庁に問い合わせたところ、「十分な説明がないまま顧客に不利益な契約内容になっていれば、（郵政グループに）説明を求めることになる」との回答が得られた。

「乗り換え潜脱」にはさらに、契約と解約の順番を逆にする手口もあった。

内部規定では、新しい保険に入る3カ月以上前に旧保険を解約した際も、新規契約とみなされ、担当局員に満額の営業手当と実績が与えられることになっている。これを悪用し、解約から新保険の契約まで、4カ月以上間を空けるという手口だ。

顧客はこの間、無保険の状態になり、死亡したり病気になったりしても一切、保障が受けられなくなる。資料によれば、この無保険契約は同じ3年弱の期間に約4万7000件に上っていた。
こんな契約を顧客が希望するはずがない。もはや、「顧客が契約書にサインしているから」という言い逃れは通じないだろうと確信した。

「保険二重払い2・2万件／解約時期遅らせる／かんぽ不適切販売／手当金、営業実績目当て」（2019年7月7日付、西日本新聞朝刊一面）
かんぽ生命保険が顧客に不利益となる保険の乗り換え契約を繰り返していた問題で、半年以上、新旧の保険料を二重払いさせたケースが2016年4月〜18年12月で約2万2千件に上ることが、西日本新聞が入手した同社の内部資料で判明した。一部の郵便局員が乗り換え契約の事実を隠すため、旧保険の解約時期を意図的に遅らせたことが原因とみられる。社内で「乗り換え潜脱」と呼ばれ、新規契約時に支給される手当金や営業実績目当てで横行しているという。

「今までの報道と同じように、郵政グループはまともに受け止めないかもしれない」。そんな不安も頭をよぎったが、今回の記事の影響は、想像していた以上だった。翌日以降、全国紙やテレビが相次いで二重払い問題を取り上げ、3日後の19年7月10日、かんぽ生命と日本郵便の両社長が記者会見を開いた。
会見の冒頭、保険の販売元であるかんぽ生命の植平光彦社長は「多数のお客さまに不利益を生じさせ、その結果、信頼を損ねたことを深くおわび申し上げます」と謝罪。委託を受けて販売を行う日本郵便の横山邦男社長とともに、深く頭を下げた。両社長は、二重払いの不利益を与えた顧客に返金するなどの対応を明言し、営業ノルマが過剰だったと認めた。

これ以後、この問題は、かんぽ生命と日本郵便による「保険の不正販売問題」と呼ばれることになる。

当事者意識のない経営陣

その後、郵政グループは、当面の保険営業を自粛し、全容解明のために弁護士などで構成する「特別調査委員会」を立ち上げる。顧客に不利益となった可能性のある契約は、約18万3000件に上り、金融庁は業務改善命令などの検討を始めた。

大規模な不正の発覚により露呈したのは、経営陣の当事者意識の希薄さだった。

発覚前に「法令違反があったとは思っていない」と強調していた、グループトップの長門日本郵政社長。発覚後の19年7月31日の記者会見では、「問題の重大性をいつ認識したのか」と何度も問われ、顧客の不利益となる乗り換え契約が2万4000件あったと6月27日に発表した直前だと説明した。内部で問題のある契約を集計していったところ、「格段に異次元の数字が増えてきてですね、これはちょっとということになって、グループ全体で認識が急きょ、改まってきた」。それ以前は、営業の質を改善する対策に取り組んでおり、「だんだんよくなってきている」という認識だったというのだ。

親会社である日本郵政はこの年の4月、保有する子会社・かんぽ生命の株式3245億円分を国内外に売却している。仮に、この時点で保険の不正販売を把握していながら、隠して株を売却していたとすれば、投資家を欺く行為として経営陣が責任を問われることになる。実際、東京証券取引所などを運営する日本取引所グループのトップや、政府の郵政民営化委員会の委員長からは、売却時の対応を問題視する発言が出始めていた。だが、長門社長は会見で、こうした発言に対し「冗談じゃない」と強い口調で反論した。

知らぬ存ぜぬの郵政グループ

他人ごとのような経営陣の説明に、現場は反発した。ツイッターなどのSNSでは、経営陣の責任を問う内部からの投稿が相次ぎ、日本郵便は、SNSに社内情報などを書き込むことを禁止する通知を発出した。報道機関への提供を恐れてか、「社内のサイトから資料が消されました」(東海地方の局員)という声もあった。

それでも情報提供は途絶えなかった。西日本新聞には、「社長の説明はうそです」と訴える関係者から、200枚以上にも及ぶ内部資料が送られてきた。

この資料は、2018年6月~19年3月に、かんぽ生命本社の部長など同社幹部が出席した「募集品質支店Web会議」で配布された会議資料だった。毎月、「不適正募集の発生状況」として、不正の件数などが報告されている。

乗り換え契約の際に顧客に保険料を二重払いさせた事案や、一度も保険料が払われず実績目当ての「カラ契約」の疑いがある「未入金解除」などの件数が集計され、発生件数が多い上位の50局と局員50人がリストアップされている。苦情を受けて保険料を返金したケースは約2年間で約1000件に上っていた。過去5年間に15件以上も契約を結んだ顧客が1825人もいたと記載されている。

「契約内容を理解していない68歳の顧客に5年間で27件の保険に加入させ、年間の保険料が約530万円」などと問題事案の具体例も繰り返し報告されていた。郵政グループは、社長が問題を初めて知ったと主張する19年6月より少なくとも1年前から、不正が横行する実態を把握していたことになる。

記事にするに当たり、郵政グループに見解を求めたが、「個別の社内会議についてはコメントを控える」としか回答しなかった。

この会議資料の問題は、記事を出して半年後の20年2月、衆議院総務委員会の質疑で取り上げられている。共産党の本村伸子議員が「不正が疑われる契約が数々あるとつかんでいながら、かんぽ生命株を売り出した。市場に対する裏切り行為だ」などと追及。かんぽ生命幹部は資料の内容を認め、「当時は不適正営業の実態が把握できていなかった。データを基にした深度ある調査も行っておらず、リスク感度が低かったと深く反省をしている」と陳謝している。

西日本新聞にはこの他にも、郵政グループが問題を把握しながら放置していた実態について情報が相次いで寄せられ、記事を出していった。

「二重払い、無保険10万件／アフラック委託のがん保険／日本郵便対策遅れ」（19年8月21日付朝刊）

「『孫死亡』で保険金契約／高齢客狙う手口相次ぐ／重点調査に含まず」（20年1月1日付朝刊）

「払い済み乗り換え5万件／かんぽ、契約実績稼ぎか／多くは不正の調査外」（同年3月18日付朝刊）

郵政グループからNHKへの圧力

不正を把握しながら放置しただけでなく、追及する声を潰しにかかるような動きにまで出ていたことも明らかになった。毎日新聞が19年9月に報じた、NHKへの圧力問題だ。

すでに紹介したように、NHKは18年4月、保険の不正販売の実態を放送している。同年7月には、翌月の続編放送を目指し、情報提供を求める動画をインターネット上に公開していた。毎日新聞の報道によると、郵政グループは「犯罪的営業を組織ぐるみでやっている印象を与える」と動画の削除を申し入れるなど、NHKに繰り返し抗議した。NHK側は動画を削除し、続編の放送を延期。実際に続編が放送されたのは、当初の予定から1年近くが過ぎ、郵政グループが不正を認めて謝罪した後になってからだ。

この問題について、日本郵政の長門社長は、記者会見でおおむね事実関係を認めた上で、NHKに対する抗議文は、自身も含め日本郵政、かんぽ生命、日本郵便の3社長が連名で出したと説明した。抗議した理由を問われると、「当時の私どもの印象を申し上げると、押し売りとか、詐欺、元本割れ、大変高い目標等々ですね、少し報道の方向が偏っていないかと感じました」「要するに、郵政グループはブラック企業で悪の権化なんだというふうに感じたんですよ」と釈明し、「今となっては（番組の内容が）全くその通りだなと思う」「深く反省します」と語っている。

私がまだ水面下で取材していたころ、複数の郵便局員が「NHKが放送してくれて、ようやく解放されると思ったのに、圧力によって続編がもみ消されてしまった」などと話していた。

そんな話を聞くたびに、私は、曲がりなりにも記者を続けてきた経験から「まさか圧力を受けて報道を取りやめるなんてことはないだろう」と思っていた。

NHKは「放送の自主・自律や番組編集の自由が損なわれた事実はない」との見解を公表し、圧力に屈したわけではないと主張している。NHKの対応の問題について論じることは本書のテーマではないが、郵政グループが番組の指摘に耳を貸さなかったことにより、「被害」は1年以上も拡大し続けた。

この間、多数の顧客が金銭的な損害を受けたのはもちろん、九州では、厳しいノルマを強要された男性局員が自死していた。

「お客さま控え」に遺されたメッセージ

この事案は、男性の遺族が、日本郵便と当時の上司に損害賠償を求めた民事裁判で明らかになった。22年8月に言い渡された福岡地裁の判決によると、亡くなった男性は当時40代、九州の郵便局で窓口営業部の課長代理として勤務していた。

18年4月の人事異動で、男性の上司に当たる窓口営業部長が交代した。新しい部長は6月ごろから、男性など保険営業の実績が振るわない部下に対し、「なぜ遅れているのか」「ゼロは許さん」「できなかったらどうするんだ」と大声で指導をするようになった。

同年11月、男性は部長から「今月実績がなかったらどうするのか。覚悟を聞かせろ」と迫られ、「できなかったら命を絶ちます」と発言。その3日後、部長からパワハラを受けたと訴える遺書を残して自死した。

福岡地裁は判決で、損害賠償責任については認めなかったものの、部長の言動について「指導の範囲を超えた叱責で、違法なパワハラと認めるのが相当」と認定した。部長は過去に2度、パワハラとセクハラで懲戒処分を受けており、判決は、日本郵便に対しても「言動に注意を払い、指導・是正すべき義務があった」と指摘し、同社が安全配慮義務を怠ってパワハラを放置したと認めている。

裁判では、ノルマに追われていた男性が生前、息子名義でがん保険の契約を結び、契約申込書の「お客さま控え」に、「部長におどされて仕方なく契約した物なので必要なければ即解約してください」と書き残していたことも明らかになった。

男性が部長からパワハラを受け、死に至るまでの期間は、NHKが番組を放送してから、郵政グループが抗議を繰り返していた時期とちょうど重なっている。郵政グループが番組放送後すぐに営業のあり方を見直していれば、と思わずにいられない。

郵政グループのドン

郵政グループの対応は迷走していった。

不正を認めてから2カ月あまり自粛を続けてきた保険営業を、19年10月から再開すると発表。しかし直前の9月末に開かれた記者会見で、日本郵便の横山社長は「関係各所から時期尚早というご意見があった」と述べ、営業再開を延期すると表明した。

この日の会見でも、日本郵政の長門社長は「今般の事件について、持ち株会社（註・日本郵政のこと）の経営陣の方まで情報が上がっていなかった」「下から情報が上がってこないことには話が始まらない」と責任逃れのような発言を繰り返した。経営責任を問われると、「お客さま一人一人、最後の1円に至るまで不利益をお戻しする。信頼回復に全身全霊で打ち込むことが私の経営責任と思っております」と語り辞任を否定。長門社長らはこの日以降、ほぼ毎月実施してきた定例記者会見を開かなくなった。

「情報が上がってこなかった」という長門社長の発言は、不正を防げなかった言い訳であると同時に、郵政グループという特殊な組織のトップとしての本音だったのかもしれない。

２００７年の郵政民営化から12年。実質的に時の政権が人事を決めている日本郵政社長は、長門氏で既に5人目だった。就任期間は平均して2年あまりという短さになる。

日本興業銀行（現・みずほ銀行）出身の長門氏をはじめ、歴代の社長はいずれも内部からの生え抜きではない。外部からやってきて、しかも短い就任期間のうちに、従業員30万人超、業務も多岐にわたる巨大組織の現場を把握し、コントロールするには、相当な力量が求められるに違いない。

現場を預かる子会社のかんぽ生命、日本郵便の社長も外部からの起用だった。〝外様〟の社長たちに代わって実質的な権力者として注目されたのが、「郵政グループのドン」とも呼ばれた日本郵政の鈴木康雄上級副社長だ。旧郵政省出身で、総務省の事務方トップの事務次官まで上りつめた人物で、政治家や官僚と太いパイプを持っている。

注目されるきっかけになったのは、ＮＨＫへの圧力問題だった。鈴木副社長は、総務官僚時代に放送行政に携わった経験があり、ＮＨＫ幹部が郵政側の抗議を受けて出向いてきた際には、事実上の謝罪文を直接受け取っていた。その後、圧力問題が発覚すると、記者団に対し、ＮＨ

Kの取材方法について「暴力団と一緒」と発言して物議を醸した。

２０１９年12月には、旧郵政省時代からの後輩に当たる現職の総務事務次官から、保険の不正販売問題を巡る政府の行政処分の検討状況を電話で聞き出していたことも、総務省の内部調査で発覚している。

郵政グループの幹部は、鈴木副社長のように旧郵政省出身の元官僚が多くを占めている。現実に見合わない机上の目標を現場に押しつけ、不正が起きても直視しようとせず、問題を指摘する声を逆に握りつぶす……。官僚機構にしばしばみられる役所体質の悪弊が、民営化後も色濃く残っているようだった。

最後に垣間見えた本音

２０１９年12月27日、大きな節目が訪れた。

金融庁と総務省は、日本郵政グループに対し、保険の新規販売を禁じる3カ月間の業務停止命令を出した。これを受け、日本郵政、かんぽ生命、日本郵便の3社長は記者会見を開き、そろって辞任すると表明。日本郵政の鈴木副社長の退任も発表された。

この日の会見で、グループトップを退くことになった日本郵政の長門社長は、重荷から解放されたためか、いつもより率直な様子で、「ひとえに私自身の経営力のなさと思っております。深く反省してございます」と謝罪した。そして「郵政民営化、これに参加することによってお国に貢献できると思ってお引き受けした仕事でしたけれども、多くのお客様の信頼も毀損し、お国に迷惑をかけるようなことになってしまった」と言い、「8月の上旬には責任をとらねばならないなと覚悟してございました」と打ち明けた。

また、外部から就任した社長職について「私どもは『落下傘』『雇われマダム』と言われて、違う会社、民間企業からこのグループにやってきた」と語り、「役所体質といえば、それに見えるような幾つかの違いは、純粋な民間企業から来るといくつも感じます。数字に対するこだわりとかだいぶ違います」と本音も明かしている。

不正に甘い実態

郵政グループが全容解明のために立ち上げた、外部弁護士などによる「特別調査委員会」の報告書も公表された。

特別調査委員会は、保険営業に携わっている窓口局員と渉外社員の計約８万９０００人を対象にアンケートを実施。回答した約３万９０００人のうち、実に55％が、不適正な乗り換え契約を勧める営業行為を職場で見聞きしたことがあると答えている。さらに、そのうちの約半数は、上司が黙認していたと回答した。

法令や社内規定に違反する疑いがある営業を受けて契約した顧客についての分析では、60代以上が72％を占め、性別は85％が女性だった。被害者の多くが高齢女性だったのだ。

かんぽ生命に寄せられた苦情の数は、２０１３年度から16年度までは30万件台で推移していたが、17年度は約12万４０００件、18年度は９万９０００件と急激に減少している。顧客とのトラブルが減っているような印象を受ける数字だ。

だが、これにはからくりがあった。

16年度までは、顧客からの問い合わせのうち、「否定的で好ましくない印象があるもの」を全て「苦情」にカウントしていたが、17年度からは、契約などに関して「具体的な不満」が表明されたものだけを集計するよう分類方法を変えていたのだ。18年度からはさらに、「同一の顧客からの重複する苦情は1件と換算する」といった「苦情分類の精緻化」も行っている。この結果、「苦情の件数」が大幅に減っていたのである。

郵政グループは、不正の発覚後も、「高齢者からの苦情はこの数年減ってきた」（19年7月31日、日本郵便社長）と説明し、改善に取り組んできたことの実績のように強調してきたが、この説明自体がまやかしだった可能性が出てくる。特別調査委員会の報告書は「苦情件数という指標の削減それ自体が目的化しており、苦情という形で表明された顧客の不満の原因となる事象を分析し、根本的原因を除去しようとする姿勢・態勢が十分ではなかった」と指摘している。

不正が疑われる事案が起きた際の、内部調査の手法にも問題があった。顧客からの聞き取りで不正の疑いが浮上しても、営業を担当した郵便局員が否定すれば、不祥事とは判断せず、処分も行われていなかったのだ。２０１８年度には、日本郵便が行った不正疑いの調査は３０１1件あり、このうち局員が不正を認めた２４６件は不祥事と判断されたものの、残る２７６５件は全て不祥事に該当しないと判定された。どれだけ顧客が「だまされた」と訴えても、局員が「正しい営業をした」と主張すれば処分されないという、甘すぎる調査が行われていたのだ。

特別調査委員会は、経営陣へのヒアリングも行っている。かんぽ生命の役員は、会社の体質についてこう語った。

「民営化直後のかんぽ生命は、役所文化が色濃かった」

「何期入社か、キャリアかノンキャリアかなどにより、自分自身の最終ポストがどのくらいになるのかある程度見通しが立っているため、大きな失敗さえしなければよい、『危ない案件』はたらい回しという風潮が強く、積極的に仕事を取りに行く雰囲気がなかった」

引責辞任した社長たちは、次のような認識を明かしている。

「郵便局において、自己の利益を図るために、顧客に不利益を生じさせるような募集を行っている郵便局員が相当数存在するとは全く思っていなかった」（かんぽ生命の植平光彦社長）

「今振り返れば、『郵政村の常識が世間の非常識』となっており、特に金融渉外部門における渉外社員の中にモラルの低いものが相当数存在していたことには驚いている」（日本郵便の横山邦男社長）

現場に残る不満

２０２０年１月、辞任した日本郵政の長門社長の後任に、岩手県知事や総務大臣を歴任した増田寛也氏が就任する。

グループの幹部らを前にした就任のあいさつで「今回の問題は、日本郵政グループ全社にとって、創立以来最大の危機である」と語り、「悪いニュースこそすぐに知らせてほしい」と呼びかけた。

郵政グループは同月末、顧客に多額の契約をさせたケースなど、約22万件の契約を調査対象に追加すると表明。それまでに判明したものと合わせると、顧客に不利益となった可能性のある契約は合計約40万件に膨らんだ。金融庁が出した業務停止命令の期限が終わった20年４月以降も保険営業の自粛を続け、営業を再開したのは、問題発覚から1年9カ月後の21年4月になってからだった。

内部調査の結果、21年3月までに、3351人のグループ社員が処分された。このうち現場の営業担当者は2269人で、半数以上が停職や減給という重い処分。28人は解雇された。

一方、管理職の上司や本社責任者の処分者は1082人で、大半は訓戒や注意といった軽い内容。ほとんどが監督責任を問われただけで、パワハラや不正の指示が認定されたのは52人だけだった。

「下にだけ重い処分だ」

そんな不満は、その後も現場に澱《おり》のようにたまっている。

第二章 〝自爆〟を強いられる局員たち

局内での死

「残念なことですが、自殺者が出ました。局内での自死ということです。詳細は不明ですが隠蔽されぬようお知らせさせていただきました。亡くなられたのは、配達員の方のようです」

保険の不正販売問題の取材を続けていた2019年春、匿名の郵便局員からメールが届いた。メールには、痛ましい事案が起きたという西日本地方の郵便局名が記されている。それまでの取材でつながった人脈をたどり、詳しく事情を知る人を探した。

「今回の事件には、根深い背景があります。うやむやになってしまったら、彼が浮かばれません」

同じ局で配達員として働くBさんが、見聞きしたことを話してくれた。

亡くなったのは20代の男性。当日の午前中、バイクで郵便配達をしていた際に、前方にいた車に追突する事故を起こしてしまった。男性のバイクはウインカーが破損する程度で、けが人もいない軽微な物損事故だったという。

男性は、現場での事故対応を終え、報告のために帰局した。上司から「昼休憩が終わってから、あらためて詳しく報告に来るように」と指示されたが、昼休憩が終わっても姿を見せず、間もなく局内の片隅で自ら命を絶っているのが見つかった。

Bさんは「仕事をしていると、救急車のサイレンが聞こえてきました。あの音が今も耳から離れない」と話す。

職場にはショックが広がり、翌日も、すすり泣きながら仕事をする局員がいた。Bさんが見せてくれた写真には、局内にしつらえられた献花台が写っている。遺影を囲むように、花や飲み物、お菓子などが供えられていた。一部の同僚たちは喪章をつけて仕事を続けているという。

Bさんは「彼を追い詰めたのは、上司たちによる陰湿なパワハラと、配達現場特有の時短圧力、そして事故を起こした人を必要以上にとがめる風土なんです」と、怒りを込めて言った。

Bさんによると、男性は配達が速い方ではなかったが、同僚たちが配りきれない分を代わりに引き受け、サポートしていたそうだ。男性は飲み会にも参加し、職場になじんでいた。

環境が変わったきっかけは、上司の異動だ。男性と接する管理職の3人がそろって厳しい物言いをするタイプになり、日常的に叱責を受けるようになる。

男性の死後、職場の労働組合が実施したアンケートには、上司3人による男性へのパワハラについて多数の証言が寄せられた。

「自殺する直前、強い口調で怒られていた」

「年末、エレベーター前で『なんでこんな時間までかかるんや』と大声で言われていた」

「昨年秋ごろ、配達から帰って来た際に、『おまえこの仕事向いてないんじゃないか』などと長時間、怒鳴られていた」

「『おまえはノビシロがないんだから、ごちゃごちゃ考えんと、言われたことをやっといたらいいんだ』と言われていた」

「物販の商品を強引に買わせようとしていた。『目標に○○円足らんから、おまえ買え』という言い方だった」

「ここ数ヵ月ひんぱんに、時には2、3人で恫喝しているように見えた」

「上司の○○が『俺はパワハラだと思ってないから、言い続ける』と言っていたのを聞いたことがある」

「怒鳴られていることはたくさんありました。悔しいです。こういうことが、二度と起こらないようにしなければいけません」


亡くなる数ヵ月前には、男性は同僚に、「『次にミスをしたら、進退を考える』という念書を書くよう指示された」と打ち明けている。Bさんは「集配の職場がある局の2階では、男性が叱られる姿が当たり前の風景になっていた」と悔しそうに振り返った。

「配達現場は常に時間に追われる。仕事が速い方ではなかった彼にとっては、特に大変だったと思う」とBさんは言う。郵便局では、労使の協議によって、残業の上限時間が定められており、人員が限られる中、どれだけ郵便物が多くても時間内に配り終えなければならない。男性はしばしば上司から「おまえは遅いんだから早く出発しろ」「いつまでかかるんだ」などと怒鳴られていたという。

Bさんは「彼があの日、事故を起こしてしまったのは、『残業せずに配り終えなければ』と焦っていたからではないかと思います」と話す。

交通事故は、郵便局の信用や人命にもかかわるため、配達現場では「絶対に起こしてはならない」と口酸っぱく指導されている。事故を起こした配達員は、「事故事例研究会」という会議に出席させられる慣例があり、事故原因について発言させられ、反省や謝罪の言葉を述べなければならない。つるし上げのような場になることも珍しくないそうだ。

この郵便局では、少し前に重大な交通事故が起きたばかりで、現場はいつも以上にピリピリした雰囲気だった。

「どれだけ会社に迷惑をかけるんだ」

男性が事故現場から局に戻ってきた時、ある同僚は、上司のこんな怒鳴り声を聞いている。

「昼休憩の後にまた報告するように」と指示を受けていったん現場に戻ってきた男性は、明らかに取り乱した様子だった。周りにいた同僚は「代わりに行ってやるよ」と言いながら男性の郵便物を引き受けた。別の同僚も「気にすることないよ」と慰めの言葉をかけている。うつむいた状態で泣いていたのか、男性の眼鏡には水滴の跡がついていた。それから間もなく、帰らぬ人になってしまった。

「たかだかウインカーが壊れたぐらいの事故で、なんで死を選ばないといけなかったのか。もっと親身になって話を聞いてやっていればよかった」

Bさんは、声を絞り出すように言った。


男性が亡くなった3日後、この郵便局の局長は、局員らに向けた文書で、「どのような理由があったとしても、我々の大切な仲間がこのような形で自ら命を絶たれたことに対して責任を感じており、悔やまれてなりません。今回のことについては、きちんと検証していかなければならないと強く思っております」とのメッセージを出している。

従業員たちでつくる日本郵政グループ労働組合の地方組織は、会社側に提出した要求書の中で①自死事案についての調査結果を明らかにすること、②原因究明を行い再発防止策を早急に確定させること、③調査結果により非違行為が明らかになった場合は厳正な処分を行うこと――などを求めた。「現場管理者の指導は、根性論に任せた指導方法が多数を占めており、事故事例研究会においても『見せしめ的な場』となっている実態が散見される」とも指摘している。

だが「会社側からは、現場に対し、調査結果などについて何も説明がないまま」（Bさん）だという。男性にパワハラを繰り返していたとの多数の証言があった上司たちは、別の局に異動していった。

日本郵便に対し、この事案の事実関係や対応について尋ねると、こんな回答が返ってきた。

「社員が自死するという事案が発生したのは事実です。しかしながら、個別事案の詳細については、関係者のプライバシーに係ることから、回答を差し控えさせていただきます。当社としては、引き続き、ハラスメント相談窓口の充実、メンタルヘルス対策、長時間労働の削減等に取り組んでおり、風通しのよい職場づくりに努めてまいります」

Bさんは無念の思いを抱え続けている。

「何が起きたのかを検証し、パワハラを根絶したり、余裕を持って仕事ができるように人員配置を見直したりといった再発防止策を打ち出すべきなのに、うやむやになってしまった。会社がパワハラを認めてしまったようなものです。悔しい」

配達現場を追い詰める〝時短ハラスメント〟。実は、他の地域でも起きていた。

福岡県のある郵便局では、上司が「なんでこんなに時間がかかるんだ」「人事評価を下げるぞ」などと厳しい指導を繰り返し、精神的に追い詰められた配達員の休職や退職が相次いでいた。定員35人に対し、多い時には10人ほどが欠員になり、人員不足から郵便物の遅配も起きているという。

この局に勤める配達員は「常に余裕がなく、事故を起こさないか心配。仕事のことを考えると胸が苦しくなります」と話した。

こうした事例を集め、私は19年7月、自死事案も含めて「時短圧力 限界の配達員」という見出しで記事を出した。

「一番行きたくない局」への異動

自死事案が起きて半年余りが過ぎた19年11月、亡くなった男性が働いていた郵便局の近くで、「パワハラ自死事件を考える集会」が開かれた。私は福岡から出張し、この集まりを取材した。会社側が沈黙を続ける中、やり場のない思いを抱えた郵便局員やＯＢたち約50人が集まっていた。

司会者から「さいたま新都心郵便局で起きた自死事件のご遺族」と紹介を受け、ある女性が登壇した。

２０１０年に郵便配達員だった夫を自殺で亡くし、それから9年もの間、労災認定と会社側の謝罪を求めて活動を続けているという。

マイクを握った小柄な女性は、力強い口調で訴えた。

「社員を追い詰める日本郵便の体質は全く変わっていません。夫の死を無駄にしないでほしいのです」

2件の自死事案には、根深い共通点がありそうだった。集会が終わり、詳しく話を聞かせてもらえないかとお願いすると、女性は「うまく話せるかわからないですけど、ぜひお願いします」と応じてくれた。

泊まりがけで来ていた彼女に時間をつくってもらい、翌朝、喫茶店で待ち合わせた。

Kさん（52）。謙虚で明るく、意志の強さを感じさせる人柄だ。過去のつらい出来事を思い出させてしまう長時間の取材にも、丁寧に答えてくれた。

「真面目で、大声を出したり人の悪口を言ったりすることのない優しい性格でした。どちらかというと口下手で、配達の仕事を気に入っていました」

Kさんは夫のことをこう振り返った。最後の勤め先となるさいたま新都心郵便局に異動になる前は、23年間、埼玉県の旧岩槻市の郵便局で働いていた。

その頃は、仕事の愚痴をほとんど聞いたことがなく、Kさんにとっても楽しい思い出が多い。夫の頭の中には、日々、郵便バイクを走らせてきた岩槻市内のことが、隅々まで記憶されていた。Kさんは、それを確認するのが面白くて、住民の氏名や住所が載っているハローページを使ってクイズをした。適当に住民を選んで、「○○さんの住所は?」と尋ねると、正確に「○丁目の○番地」と答えが返ってくる。「その人は、○○さんの親戚だよ」といったことまで知っていた。

ある日、まだ幼かった3人の子どもを連れて外を歩いていると、たまたま、バイクに乗って仕事中だった夫とすれ違った。「よう」と声を掛けてきた夫を見て、子どもたちが「お父さんだ」と喜んでいたことを覚えている。

06年5月、Kさんの携帯電話に夫から着信があった。仕事中にかけてくるのは初めてのことだ。電話に出ると、夫は開口一番、こう言った。

「やばい、転勤になった」

配達員にとって、効率良く仕事をするには、配達エリアの建物の並びや住所、道路事情を熟知することが不可欠である。当時46歳になっていた夫は、知り尽くした岩槻を離れ、異動先のさいたま新都心郵便局で一から土地勘を身に付けなければならなくなった。

ただ、夫がショックを受けたのは、それだけが理由ではない。さいたま新都心局は、首都圏でも有数の量の郵便物を取り扱う拠点局。郵政民営化を翌年に控え、合理化のモデル局と位置づけられており、従来は座って行われた作業を立ち作業に変更したり、郵便物の仕分け作業にかかる時間をストップウォッチで計測して効率アップを求めたりする合理化策が先行的に導入されていた。

夫は以前、さいたま新都心局に異動した同僚から「怒鳴る上司が多くてノルマも厳しい。どんどん人が辞めていく」と聞かされていたという。

電話の向こうで夫は言った。

「おれ、辞めるかも。一番行きたくないところだよ」

配達に加えて販売ノルマまで

異動後、夫は「モデル局だから、周りはみんな配達が速いんだよ」「焦ってしまってミスをしたり事故ったりしそうで怖い」などと仕事の悩みを打ち明けることが多くなる。慣れない地域で、時間に追われる配達業務に苦労しているようだった。

新しい職場では、「事故を起こすな、配達ミスをするな、残業をするな」という指導が合言葉のように繰り返されていた。

始業は午前8時だったが、それでは間に合わないため、夫は毎朝6時半過ぎには自宅を出て、7時半には職場に着くようにしていた。終業の午後4時45分までに配達が終わることはほとんどない。帰宅すると、「今日も忙しくて昼ご飯が食べられなかった」とため息交じりにつぶやく。自宅にいるときも、購入した住宅地図を広げ、配達エリアの道順を頭にたたき込んでいた。

夫をさらに苦しめたのが、はがきや物販などの販売ノルマだった。

特に重視されたのは年賀はがき。ノルマ達成を厳しく指導されており、夫も局の幹部から「何枚売ったんだ」「どういう計画でやっているんだ」と叱責されたことがあったという。

毎年の一人当たりの販売ノルマは7000〜8000枚。Kさんは夫を助けるため、知人に勧めて買ってもらっていたが、とてもこなせる枚数ではなかった。

「配達で精いっぱいなのに、年賀はがきの営業をする時間なんてないよ」

夫は年末が近づくと、必要もないのに大量のはがきを自腹で購入して帰ってきた。自腹購入は職場で当たり前のように行われ、「自爆営業」と呼ばれている。中には、金券ショップに持ち込んで換金する同僚もいたが、こうした行為は社内ルールで禁じられており、夫は「俺にはできない」。自宅には使わない年賀はがきが山積みになっていた。

ゆうパック商品の物販のノルマもあり、お歳暮やお中元、母の日といった歳時のたびに、食品などを自宅や親族宅用に自腹で購入していた。

厳しい業務に追い打ちをかけたのが、上司たちによる高圧的な指導だ。夫は着任早々、上司が同僚に「なんだその口のきき方は」と怒鳴るのを目にした。

そんな職場の風土を象徴していたのが、「お立ち台」だ。

さいたま新都心局には、朝のミーティングなどが行われる広いフロアに台が備えられていた。管理職がその上に立ち、挨拶をしたり指示を伝えたりするために使われるものだ。だが、交通事故や配達ミスなどが起きると、発生させた配達員が台に立たされ、数百人の局員を前に、報告や反省、謝罪をさせられることになっていたという。

お立ち台に上がった局員が言葉に詰まりながら、涙声で「すみませんでした」と謝ると、台を取り囲む上司たちは「声が小さい」「そんな謝り方はねえだろう」と罵声を浴びせる。夫自身は立たされたことはなかったが、「お立ち台に立たされた翌日、頭を丸めてきた奴もいたんだよ。俺は絶対に上がりたくない」と不安そうに語っていた。

異動した翌年、当時小学1年だった長女は、夫を気遣って、こんな内容の手紙を書いている。

「一ばん大すきなのは、ぱぱとままだよ。すごくだよ。おしごとたいへんでしょ。ゆうびんのおしごとって雨の日もかぜの日もかみなりの日もはたらかないといけないんだよね。つかれたらおうちでゆっくりしてね。あさはやくからおきてるけどだいじょうぶ？　がんばってね」

3度の病気休暇取得

夫は、連休が取れれば2日目には必ず、Kさんや子どもたちを買い物や遊びに連れて行った。そんな夫が次第に外へ出かけなくなり、Kさんはいよいよ「何かがおかしい」と思うようになる。異動から2年後の08年2月、「病気じゃない」と言い張る夫を説得し、心療内科を受診すると、夫は「抑うつ状態」と診断を受けた。医師からの指示に従い、初めて1カ月間の病気休暇を取った。

休むと体調は良くなったが、職場に戻るとまたプレッシャーを感じて元に戻ってしまう。復職から半年後、帰宅した夫は玄関でしゃがみ込んでしまい、再び受診。5カ月間、2回目の病気休暇を取った。亡くなるまでに3度、病気休暇と復職を繰り返している。

夫はさいたま新都心局から異動して出ていった同僚から「配達エリアは広くなったけど、今までみたいに焦らされない。ノルマもさほど言われず、気持ちにゆとりが出てきた」と聞かされた。夫も毎年のように異動希望を出したが、上司の答えは「病気を治さないと異動させられない」。亡くなるまで、その希望が聞き入れられることはなかった。

ずっと穏やかな口調で語っていたKさんだったが、この時のことを思い出すと、語気を強くした。

「職場のせいで病気になったのに、治さないと外に出してくれないなんておかしい。言い方は悪いですけど、死ねと言われてるのと同じですよね」

3度目に復職する前には、Kさんは夫のことが心配で、職場へのあいさつに付き添っている。復職予定日の10年7月1日は、ちょうど「ゆうパック」とJPエクスプレス社の宅配便サービス「ペリカン便」が統合される日に重なっており、夫は上司から「仕事内容ががらっと変わっているから、覚悟しておけよ」と告げられたという。職場の壁には、販売ノルマの達成状況を示した個人別の棒グラフが張り出されている。Kさんはますます心配になった。

夫が亡くなる8日前の10年11月30日は、Kさんにとって、忘れることのできない日だ。

この日はいつもより遅く出勤し、夜までの勤務シフトだったが、午後10時になっても連絡が取れない。

「疲れて倒れてるんじゃないか」

Kさんは居ても立っても居られず、寝ている子どもたちを自宅に残し、車を走らせて夫の職場へ向かった。11時すぎに到着すると、夫が仕事を終えて出てきた。

夫は「今日は大変だった」と言う。知らない地域の夜の配達を任された上、道路工事で通行止めになっている箇所もあり、余計に手間取った。夜9時を過ぎてたどり着いた宅配先から「なんでこんな時間なんだ」と怒鳴られたそうだ。仕事を終えてようやく局に戻っても……。

「俺だったら『遅くなってどうしたの？』と声を掛けると思うんだけど、みんな黙ってるんだよ」

Kさんの脳裏には、そう語った夫の疲れた表情が鮮明に焼き付いている。

翌日は非番だった。心療内科を受診すると、医師から4度目の病気休暇を勧められた。だが、夫は「年末で忙しく、同じ班の人が二人も辞めてしまったので、今は休めない」と出勤を続けた。

10年12月8日。いつものように「少しでも楽をさせたい」との思いで夫を最寄り駅まで車で送り、見えなくなるまで手を振って見送った。その少し後、夫からメールが届く。

「ありがとう　いつも　〇〇（註・Kさんの下の名前）❤ちゃん　ごめんね　行って来ます」

それから間もない午前8時半ごろ。夫は出勤した職場4階の窓から飛び降りて亡くなった。

Kさんが見せてくれた写真には、転落の衝撃でひもがちぎれ、ケースの割れた夫の社員証が写っている。

翌日、自宅に荷物が届いた。差出人は夫。ノルマをこなすため、自腹で購入したゆうパックの商品だった。

「何でここまでしないといけなかったの……」

Kさんは、受け取りながら、涙が止まらなかった。

夫を追い詰めた日本郵便を提訴

夫を亡くしてからしばらくは、泣きながら「早くお父さんに会いたい」とつぶやき、自分を責める毎日。3人の子どもはまだ小学生だった。

1度目の病気休暇を取る前、夫が「もうこんな年齢だからなぁ」と言いながら、求人広告を眺めていたことがある。「そこまでつらいんだ」と知ったKさんは、「辞めてもいいよ」と声を掛けた。それに付け加えて「でも、今よりきつくて、お給料も安くなってしまうかも」と言ってしまったことをずっと後悔している。「無理にでも辞めさせていれば、あんなことにはならなかったのに」と。

当時小学4年だった長女も「お父さんに、『仕事に行ったら高い所に気をつけてね』と言えばよかった。そうすれば落ちなかったのに」とつぶやいた。

何度も異動の希望を出したのに聞き入れられず、復職のたびに同じ労働環境に戻されてしまった夫。時間がたつにつれ、「夫を窓際まで追い詰めたのは、会社だったんじゃないか」と思うようになった。

11年4月、Kさんは郵政グループの従業員でつくる労働組合「郵政ユニオン」に相談に訪れた。対応した組合の役員から「会社と闘えば、お互いに傷つけ合うことになる。耐えられますか」と問われた。「大丈夫です」と答え、そのときの思いを伝えた。

「3人の子どもたちに、『お父さんは何も悪くなかったんだよ。働くのは大切なことなんだよ』と伝えたい。そして会社に謝ってほしいんです」

声を上げるのは、夫、そして3人の子どもたちのためだった。

一般的に、過労自殺などを訴える際には、残業時間などの「時間外労働」の長さが重視される。夫の場合、極端な長時間労働ではなかった。相談した数人の弁護士からは「労災に当てはまる要素がほとんどなく、難しい」と断られてしまった。

「無理なのかもしれない」。途方に暮れる中、手掛かりを探し続けてくれた郵政ユニオンの役員が「過労死を考える家族の会」という団体の集まりに参加し、そのつながりで、引き受けてくれる弁護士が見つかった。

13年12月、Kさんと子ども3人は、夫が自殺したのは仕事上の心理的負担による精神障害が原因だとして、日本郵便を相手にさいたま地裁に提訴する。夫が亡くなってから3年がたっていた。

14年2月5日の第1回口頭弁論。支援者など70人以上が傍聴する中、Kさんは裁判官に向かって意見陳述した。

私の夫は、平成22年12月8日、日本郵便さいたま新都心郵便局の4階から飛び降り亡くなりました。51歳でした。郵便屋さんと呼ばれる夫は20年以上、岩槻郵便局で働いていましたが、平成18年5月にさいたま新都心郵便局へ異動になりました。辞令の出たそのとき、夫が

「辞めるかもしれない。新都心だよ、一番行きたくないところだよ」と私の携帯に電話をしてきたのを覚えています。それでも、地図を購入し、早く道を覚えようとする姿も見ました。何とか慣れようと努力していました。しかし、46歳という年齢で大規模な局ノルマや時間の管理、人間関係の希薄さなど、あまりにも前の職場との違いに疲れ切っていたようでした。本来明るく健康な夫が4年の間に3回も病気休暇を取る状況になってしまいました。「とにかくきつい。上から『ミスるな、事故るな、残業するな』と言われ、毎日頭のはげる思いだ」と言っていました。自分の能力に合った所に転勤したいと夫は毎年職場に出す意向調査で転勤を希望していました。直接上司にも何回も転勤させてほしいと訴えていました。結局希望は通らず、新都心で亡くなりました。亡くなる当日の朝、私は駅まで送っていき、駅の階段をお互いに見えなくなるまで手を振っていたのですが、それが私の最後に見た夫の生きている姿になってしまいました。

それからは、自分を責める毎日でした。つらいのを分かっていたのに助けてあげなかった。辞めさせればよかった。私が夫の身代わりになれば良かったとも思いました。

当時小4の娘が「お父さん、なんで落ちちゃったのかな。誰かがお父さんのこと押したのかな」と言っていました。そのときは「違うよ」と答えましたが、その通りではないかとも思えました。なぜならば、夫は何度も上司たちに助けを求めていました。「自分の能力では新都心で働き続けるのは無理、早く転勤させてほしい」——。うつ病という病気になったのが新都心への転勤が原因であるのに、同じ環境に戻されてしまいます。私からしてみれば、夫を窓際めいっぱいまで追い詰めて、落とされたと思っています。

夫が亡くなった後、新都心で働いている方と話す機会がありました。人がひとり自死という形で亡くなっているので、職場も少し変化があったのではないかと思いたかったです。しかし、思わぬ返事がかえってきました。「良くなるどころか反対にひどくなっている」というものでした。とても悲しくなりました。大切な家族、中心的な存在であった夫が死んだのに、新都心郵便局は何とも思っていなかったということでした。

平成13年、夫が亡くなる9年前にも同じように窓から飛び降り亡くなった方がいると聞きました。本来であれば一度そのようなことが起きたのであれば、再発防止など講じるのではないでしょうか。その方の遺族が何も訴えなかったことをいいことに、何もしなかったのではないでしょうか。神戸の郵便局でも先日、パワハラが原因で自死をした遺族が神戸地裁に提訴したという記事を読みました。同じようなことが他でも起きています。

夫が急に亡くなり、現実を受け入れられないまま、ひとりで小学生の子ども3人を育てなくてはならず、仕事に行く電車の中でもボロボロ涙を流しながら通勤しました。精神的にもきつく、夜になると言いようのない不安感、恐怖感があり、激しい動悸や過呼吸になることもありました。あまりの苦しさに救急車を呼んでしまおうと思ったこともありました。何とか呼吸を整えて落ち着いた後も、つらい、悲しい、苦しいという思いが続きました。静かな夜が怖く、つい最近まで、音楽を聴きながらではないと眠れませんでした。

私が裁判を決めた理由として、子どもたちに「お父さんは悪くない、そして、働くことは大切なこと」と伝えたいためです。薬を飲みながら働き、そして亡くなりました。このままでは、子どもたちが、働くということがばかばかしくなってしまうのではないかと心配しました。

また、私のように悲しむ人を一人でもなくしたいと思いました。そして、今現在働いている人、これから社会に出ていく人が、病気にならない、病気にさせない職場環境に近づいてほしいという願いがあります。健康で働くということ、「ただいま」と家族が帰ってくることが当たり前になってほしいと思います。


訴えに対し、日本郵便は真っ向から争った。

年賀はがきなどの販売に厳しいノルマが課され、「自爆営業」が横行しているというKさん側の主張に対しては、日本郵便側は「民間企業である以上、販売実績を伸ばす必要があり、そのために販売目標を設定しているが、それはあくまで目標である。『自爆営業』という批判があることを考慮し、そのような行為に及ばないよう指導している」と反論した。

夫が3度の病気休暇と復職を繰り返し、異動希望を出していた点については「異動を希望したからといって必ずしも異動が実現するものではない」「異動を希望していた事は会社側も承知していたが、まずは体調回復に専念するよう話をしていた」と主張した。

事故やミスを起こした配達員が謝罪をさせられた「お立ち台」についても、日本郵便側は「重大な事故などが発生した場合には、社員自身が台上に上がり、発生状況や原因を説明したことがある。しかし、それは、事故の危険性を周知し情報を共有することによって再発防止に努めるためであり、『見せしめ』などではない」と正当化した。

法廷では、当時の郵便局長に対する尋問も行われている。Kさんの弁護士によると、お立ち台に関してこんなやりとりがあった。

Kさんの弁護士「管理者から『お立ち台で説明してくれ』と言われて、断れる社員がいると思うか」

局長「強制的にはお願いしていない」

弁護士「あなたが、お立ち台の社員に向かい大声で『それで終わりか』と怒鳴ったという証言がある」

局長「言った覚えはありません」

弁護士「お立ち台で震えていたり、おびえていたりする社員の姿を見た記憶はないか」

局長「多くの前でお話をするということは、それなりに緊張感あると思います」

弁護士「大変強い精神的なストレスになっていたということは認めるか」

局長「本人でないと分かりません」

裁判を起こすに当たり、現役の郵便局員やOB、地域の住民たちが、Kさんを支援するため、「さいたま新都心郵便局過労自死事件の責任を追及する会」を結成した。会員数は最終的に200人を超えている。裁判の傍聴や、訴訟の経過を知らせるビラ配りなどの活動を続け、Kさんにとって精神的な支えになった。

Kさんは当時の心境についてこう語っている。

「さいたま新都心という言葉を聞くのもつらく、夫の亡くなった現場の近くに行くと、下を向いたり背を向けたりしていました。それでも、いつしか新都心局の窓を直視できるようになりました。私一人ではない、みんなが一緒に闘ってくれているからだと思えるようになったからです」

「追及する会」の活動によって、Kさんのもとには、全国の郵便局関係者から情報が寄せられるようになる。他の局でも年賀はがきなどに厳しい販売ノルマが課され、見せしめ的な指導が行われていること、その中でもさいたま新都心局の職場環境が特に深刻なことが明らかになった。

現役の局員でありながら、Kさん側の証人として裁判で証言してくれる夫の同僚も現れた。さいたま新都心局で、夫とは別の配達班の班長として勤務していた男性だ。異動後に慣れない地域での配達に苦労する夫の姿を目にしており、裁判では「私が『誰か手伝ってくれないの？』と聞くと、『手伝ってくれないよ。自分でやるしかないんだよ』と言っていました」と明かした。

男性は、ノルマの過酷さについても詳細に証言している。

「年賀状の販売ノルマは7000枚で、他の局と比べて3000枚ほど多かったと思います」

「年賀状を金券ショップに持ち込んだこともあります。（略）みんな、どこどこの金券ショップは何円という話をしている」

「（年賀はがき以外のノルマは）1〜3月はバレンタインとホワイトデーのギフト用ゆうパック3件、3〜5月はひなまつりとこどもの日のゆうパックで3件、7〜8月はゆうパックのお中元10件（略）、お歳暮15件などです」

「新都心に勤務するようになってから、常に販売ノルマに追われるようになり、とても達成できなかった」

別の局で働く男性は、夫が担当していた「翌朝10時郵便」の業務について教えてくれた。
指定日の午前10時までに郵便物を届けるサービス。顧客は追加料金を払っており、仮に配達が10時より遅れれば、追加料金分を返金しなければならない。出勤してから短時間で、確実に配り終える必要がある。

男性は「翌朝10時郵便は、企業向けの重要な書類を取り扱うことが多く、時間に遅れれば重大なクレームになってしまうこともある。無事に終えた時の安堵感は、今も忘れることができません」と話した。

翌朝10時郵便の配達中は気が焦り、踏切がなかなか開かない時には、「バイクを置いて遮断機をくぐって走っていきたい」という衝動に駆られながら待っていたという。男性の同僚の中には、一刻も早く配達先に到着するため、歩道橋の自転車用のスロープをバイクで走ったり、10時を過ぎてしまったことを職場に知られないようにするため、自分の財布から現金を出して返金したところ、顧客から「あなたが支払うものではなく、郵便局として対応すべきじゃないのか」と注意されたりした人もいた。

翌朝10時郵便は、夫が亡くなった後の２０１３年に廃止されている。

「時間に追いまくられた仕事からようやく解放されました」

男性の説明を聞き、Kさんは改めて夫の苦労に思いをはせた。

Kさんが特に知りたかった、夫が亡くなる直前の状況についても関係者から情報提供があった。

当日の朝、上司の一人が夫に対し、ヘルメットのかぶり方について大きな声で怒鳴りつけ、夫が「すみません。すみません」と謝っているのを見たというのだ。それから間もなく、夫は職場の窓から飛び降りた。裁判などで名前を明かさないことを条件に語ってくれた証言だ。

夫の死から約3カ月後、Kさんは、この上司を含む会社側の数人と直に面会している。「亡くなる直前に誰と一緒にいたのか、何があったのか調べてほしい」と訴えたが、この上司は何も語らなかった。会社側からはしばらくして「一緒にいたのが誰なのか分からなかった」との回答を受けていた。

Kさんは「力で押さえつけてでも言うことを聞かせる人が出世し、パワハラをしても守られる。そんな企業風土なんです」と話した。

裁判を起こしてから3年を迎えようとしていた頃、裁判所は原告、被告双方に和解を促した。協議を重ねた末にまとまった和解案は、日本郵便がKさん家族に「解決金」を支払った上、次のような和解条項を明記する内容だった。

「被告は、○○（註・Kさんの夫のこと）がさいたま新都心支店に転入後、それまで罹患した記録が確認されていない抑うつ状態等の精神疾患に罹患したこと、同氏の勤務地変更の希望が叶わなかったこと、及び同氏が自死に至ったことについて遺憾の意を表する」

Ｋさんは「謝罪をしてほしい」という思いを残しつつ、「勝訴的な内容」と受け止め和解に応じた。

ここまでの経緯を、Ｋさんは感情的になることもなく、時には笑顔も見せて丁寧に説明してくれた。その穏やかさに触れながら、私は、彼女が喪失感や憤り、孤独、不安を乗り越えてきた長い時間を思わずにはいられなかった。労働組合「郵政ユニオン」の役員としてＫさんの活動を支えてきた倉林浩さん（63）は「絶望の深さがＫさんの強固な意志を作ったのだと思う」と語っている。

ようやく下りた労災認定

夫の名誉を回復するための活動は、その後も続いていた。Ｋさんは、裁判で得られた証拠を基に、労働基準監督署に対し、夫がうつ病を患い自殺に至ったのは仕事の負荷が原因だとして労災認定を申請した。だが、労基署は17年10月、申請を退ける決定を出した。Ｋさんは、これを不服として埼玉労働局に審査請求を行っていた。

取材をした数日前には、過労死によって家族を亡くした他の遺族たちとともに、厚生労働省への要請活動を行い、次のような厚労大臣あての文書を提出している。

「日本郵便は今、かんぽ生命の不正が社会の大きな問題となっています。ただ、私としては今始まったことではないと思っています。厳しいノルマ、どんな事をしてでも結果を出せ、出せない社員はパワハラにより精神障害になるまで追い詰める状況。９年前の夫の時と変わっていません。人が死んでも改善どころか、未だに環境はひどいままです。自爆営業や人をだましてまでもノルマに力を入れるような会社です。このような日本郵便の実態をふまえて、正しい調査をし、どうか私たち遺族救済の決定を強くお願いいたします」

西日本新聞の発行エリアである九州とは遠く離れた場所で起きた出来事ではあったが、過剰なノルマや合理化のしわ寄せが人の命まで奪うという、郵政が抱える問題を象徴的に表す事案だと考え、19年11月17日、Kさんの話を記事にした。見出しは「過剰ノルマ　死選んだ夫／9年前　自殺した配達員の妻『体質変わってない』」。

記事の中では、年賀はがきの販売ノルマや時間内の配達を厳しく求められる職場で、夫が亡くなるまでの経緯を書き、Kさんが「夫の死を無駄にしないでほしい」と訴えていることを伝えた。記事はインターネット上でも配信された。

9日後、Kさんから思わぬメールが届いた。

「お礼とご報告です。18日に労働局の審査官より弁護士へ、当時の年賀状の残りがないか、または金券ショップなどで換金した領収書などがないかと連絡が入ったそうです。昨日、家に残っていたはがきを持って審査官に説明に行きました。審査官は西日本新聞の記事を見て連絡をしてきたのです。労災に向けて一歩進みました」

埼玉労働局に不服審査を請求してから2年間、ずっと動きのない状態が続いていたという。

Kさんは、夫が自腹で購入し、自宅に残ったままになっていた08年用の年賀はがきを審査官に提出して、改めて夫がノルマを苦にしていた状況を説明した。

翌20年の3月中旬、労働局からKさんに対し「今月中に判断が出る」との連絡があった。記者として、過度に取材相手に肩入れするのは適切ではないのかもしれない。それでも、この時ばかりは何とか労災が認められるよう、祈るような思いだった。

3月30日の昼、Kさんから電話があった。

「労災が認められました」

その後はしばらく、涙で言葉にならない様子だった。

Kさんは帰宅すると、仏前に線香をあげ、「家族のために働いてくれてありがとう。おつかれさまでした」と夫に感謝を伝えた。

子どもたちから次々にねぎらいの言葉をかけられた。

「お母さん、頑張ったね」

「仕事と子育てと裁判、本当にありがとう。お父さんも喜んでいるよ」

労災を認めた決定文では、①07年の年末の繁忙期により、時間外労働が増加した②この時期、達成困難な年賀はがきの販売ノルマを課された——という二つの事情が原因でうつ病を患い、それが治らないまま自殺に至ったと認定している。

「もう二度と、社員を苦しめないでほしい」

残る願いは、会社に謝罪してもらうことだ。Kさんは20年9月、日本郵便に対して面会を求めたが、同社は既に民事裁判で和解が成立していることなどを理由に、「応じられない」と拒否した。

20年11月26日の参議院総務委員会。この問題は、国会の質疑で取り上げられた。

質問に立った埼玉県出身の共産党の伊藤岳議員は「さいたま新都心郵便局は私の自宅からも見えるので、事件のことは頭から離れたことはないし、思い出すたびに胸の締め付けられる思いです」と語った後、「遺族に面会せず、謝罪もしていない理由は何か」と尋ねた。

これに対し、日本郵便の衣川和秀社長は「16年に遺憾の意を表するという旨の文言を盛り込んだ和解が成立していることを踏まえ、本年11月に面会をお断りをしていると報告を受けている」と答えた。伊藤議員からさらに「遺族と面会し、自死された社員の働いていた実態や家庭の中でどんな悩みを語っていたかなどを把握し、職場の改善にいかす必要があるのではないか」と追及されると、衣川社長は「ご遺族との面会については、ご意向を踏まえ、真摯に対応してまいるよう担当部署に指示したい」と語り、方針を転換させた。

親会社・日本郵政の増田寛也社長も「さいたま新都心の事案につきましては、私も大変重く受け止めなければならないと考えており、その後、かんぽの不正問題等も発生したということもあるので、新しい社として生まれ変わるように、お客さまと社員の幸せを目指すという経営理念を胸に刻んで、これからの会社の立て直しに邁進していきたいと考えている」と答弁した。

関東地方が梅雨入りしたばかりの2021年6月16日。埼玉県内の墓地に、日本郵便本社人事部の部長ら幹部3人の姿があった。雨の中、傘を差す幹部たちが順番に夫の墓前で手を合わせる様子を、Kさんは目に焼き付けた。その後に自宅で謝罪を受け、「やっと終わったんだ」と思った。

コロナ禍の世の中で季節は移ろい、さいたま市にも春が巡ってきた翌年の3月27日。区切りを付ける1日がやってきた。

Kさんは初めて3人の子どもを連れ、さいたま新都心郵便局を訪れた。かつては「名前を聞くのもつらく、背を向けていた」場所。夫が亡くなった現場に花を手向け、しっかりと手を合わせた。

そのまま向かった近くの会場には、Kさんの招きに応じて、活動を支えた仲間たち約60人が全国から集まってきた。

各地の局員やOB、ともに闘った弁護士、ビラ配りなどを手伝ってくれた地域の人、同じ境遇を励まし合った「過労死を考える家族の会」のメンバーたち。

Kさんが一人一人に笑顔でお礼を伝えるうちに、その場は明るい雰囲気に包まれていく。参加者たちは「よく頑張ったね」と口々にねぎらいの言葉をかけた。

最後に屋外に並んで写真を撮った。カメラに向かってみんなで手にしたのは、10年以上にわたる活動の中で、何度も掲げてきた横断幕だ。

「お父さんは悪くない、働くことは大切なこと」

大きな字で、Kさんの原動力となった思いがしたためられている。

「多くの人が悲しみや怒りを分かち合ってくれたからこそ続けられました。日本郵便は、もう二度と、現場の社員を苦しめることがないようにしてほしい」

Kさんは強くそう願う。

人件費削減のしわ寄せ

配達現場への締め付けが行われる背景には、郵便事業を巡る厳しい経営環境がある。

郵便局が取り扱う手紙やはがきなどの郵便物は、インターネットの普及に伴って減り続け、郵政民営化が行われた2007年度の220億通から、23年度には136億通にまで減少した。日本郵便の郵便物流事業は、11、12、15、24年3月期の決算で営業損益が赤字に転落している。

郵便物の集荷や仕分け、配達は人手のかかる仕事だ。同社は民営化後、人件費の抑制に腐心してきた。関係者から入手したある地方支社の経営会議の資料には、配達現場における「業務量当たり人件費等計画比　重点改善50局」と題された文書があり、計画通りにコストカットが進んでいない順に、全国の郵便局名がリストアップされている。効率の悪い局は「業務量当たり人件費ワースト局」と呼ばれ、改善指導を行うと記されている（同社は24年9月の取材に『重点改善局』の指定は、現在は行っていない」と説明した）。

郵便配達を行うのは、全国に約2万4000カ所ある郵便局のうち、約1000の大規模な郵便局。これらの局の局長や配達部門の管理職らは、本社や支社からコストカットを求められ、それが、〝時短〟を要求する厳しい指導につながっているのである。

四国の郵便配達員は西日本新聞に寄せた投書で、こんな実態を伝えてきた。

「○○郵便局（註・投書では実名）の局長は、部長にパワハラをして精神不安定で入院させました。みんな我慢して、生活のため何とか働いています。大声で怒鳴り散らす、『人件費がかかるから残業するな』、気にくわないと『転勤させる』を武器にする。逆らえない力をかざしてのパワハラは犯罪の域です。いつ自殺者が出るかと恐れる毎日です」

大阪府の郵便局員もメールによる告発でこう訴える。

「管理職は、自らの保身を優先し、上部組織からの無理な要求を現場に押しつけてきます。思い通りに進まなければ、恫喝などのパワハラを行使します。特にひどいのは、『コストコントロール』と称される経費削減策。必要な残業もさせてもらえず、日々、業務が滞っています。この愚策の一番の犠牲者は顧客です。本来、当日中に配達すべき郵便物を平気で翌日以降の配達に繰り越す。管理職が自身の評価を最優先にし、サービスをないがしろにしています」

配達現場からは「人件費の削減を求められ、業務に支障をきたしている」といった悲鳴の声が相次いで寄せられた。

郵便物隠匿の裏にあるもの

残業をせずに配り終えろ――。そんな無理な指導によって引き起こされている弊害の一つだと思われるのが、配達員による郵便物や荷物の「放棄・隠匿事案」だ。

日本郵便が公表している放棄・隠匿事案を集計すると、18年度以降だけで少なくとも36件。例えば20年9月に発表された事案では、佐賀県の30代の配達員が、556個の荷物を配達せず、配達エリア内にある祠《ほこら》の下や、空き家の郵便受け、自家用車に隠していた。警察から「祠の下から荷物が発見された」という連絡が佐賀北郵便局にあり、判明している。郵便法では郵便配達員が郵便物を隠したり、捨てたりした場合、3年以下の懲役または50万円以下の罰金に処すると規定されており、発覚後に日本郵便が警察に相談し、配達員が逮捕されるケースも目立つ。多くは、捨てられた郵便物の発見者からの連絡や、「郵便が届かない」といった顧客からの相談で発覚している。ただし、企業が不特定多数の顧客に宛てたダイレクトメールなどは、届かなくても、送った側、送られた側とも気付きにくい。発覚していない事案、公表されていない事案がある可能性を考えると、公表された件数は氷山の一角かもしれない。

なぜこんなことが起きるのか。過去41件の放棄・隠匿事案について、配達員の動機を分析した内部資料によると、「配達できなかった郵便物を持ち帰って怒られたくなかった」「配達が遅いと言われたくなかった」が合わせて8割を占めている。

本来、こうした問題が起きれば、個々の配達員の負担を軽減したり、配りきれない際に周囲に相談できる仕組みを作ったりする対応が求められるだろう。しかし、日本郵便の対策は必ずしもそうではない。

管内で放棄・隠匿事案が発生した日本郵便東海支社では、19年7月、各郵便局長に対し「郵便物等の放棄・隠匿犯罪根絶に向けた取組強化」を指示する文書を出している。この文書では、取組強化策の一つとして、役職者が毎月1回、朝礼の場で、配達業務に携わる全ての局員を集め、「犯罪者の手記」と題された文章を読み上げるよう求めていた。関係者から入手した「手記」には、郵便物を隠した配達員たちの「告白」がつづられている。

「私は逮捕されました。その後は、近所から白い目で見られているような引け目を感じる毎日で、逮捕の事実が新聞に実名入りで掲載されたこともあり、小学校に通う二人の子どももいじめられたようでした。これらはすべて、私の犯罪によるものなのです」

「懲戒解雇を言い渡され、仕事を失った瞬間、私は、ようやく事の重大さに気がつきました。これまでの学歴・職歴、すべてが意味のないものになってしまった瞬間でもありました。なんて事をしたんだろう。自業自得だ。ウワー！」

「社員のみなさま、どうか郵便物等を大切に取り扱ってください。私のような犯罪者になってほしくはありません」


東海支社ではこの他にも、放棄・隠匿対策として、郵便物が隠されていないか確認するために、配達員が使うかばんなどを点検したり、「郵便物を隠す行為は犯罪です。一人で悩まず、相談してください」と書かれたポスターを局内に掲示したりする取組みが実施された。

ポスター掲示は関東の郵便局でも行われている。局員から送ってもらったポスターの画像には、「配達しきれない郵便物をかくすこと　それって犯罪だよ、マジで」という文面とともに、手首に手錠がかけられる写真が大きく載っていた。

逮捕されるほどのリスクがあるのに、なぜ郵便物を捨てたり隠したりする事案が後を絶たないのか。それを考えて、対策を打つことこそが会社の責務のはずだ。

日本郵便は取材にこう答えている。

「これまでの事案の分析により、発生させた社員の多くが『郵便物・荷物の放棄・隠匿は犯罪である』という意識なく行為に及んでいました。そのため、郵便物や荷物を捨てたり隠したりする行為が犯罪に該当することなどを社員に理解・浸透させるための対策を継続的に講じるとともに、特に、新たに配達を担当する社員は、（略）時間をかけて丁寧に育成するよう、力を入れて取り組んでいます」

「配達担当者には、その日の業務量に応じた時間での配達を目指すよう指導することはありますが、あて先がわからなかったものや配り切れない郵便物があった場合には、郵便局に持ち戻るよう指導するとともに、持ち戻ったことを報告しやすい、風通しのよい職場づくりにも取り組んでいます」

だが、現場の声からは全く異なる空気感が伝わってくる。ある郵便局で郵便部門を統括する部長は「配達できなくても誰かに相談すれば何とかなるはずなのに、配達現場では人手が極端に不足し、他人のことまで構っていられない雰囲気が充満している。新しく人を採用しても育てる余裕もなく、結局辞めていく悪循環。本社はコスト削減ばかり求めてくるが、その結果、こんな深刻な状況になっていることをどこまで分かっているのか」と嘆く。

そんな殺伐とした職場の様子を聞くにつけ、私は、Kさんの夫が亡くなる8日前に口にしたという言葉を思い出した。

「俺だったら『遅くなってどうしたの？』と声を掛けると思うんだけど、みんな黙ってるんだよ」

日本郵便による下請けいじめ

コスト削減のしわ寄せは、ゆうパックの配送を請け負う下請け業者にも及んでいた。取引価格の値上げ要求を不当に拒否する〝下請けいじめ〟が常態化していたのだ。

通販市場の拡大により、ゆうパックの荷物は07年度から22年度にかけ、２億７０００万個から9億８０００万個にまで増え、郵便物の減少を補う重要な収益源になっている。日本郵便は、郵便局の配達員だけではさばききれない分を、民間の小規模な運送業者や個人事業主に委託する。

23年2月、中小企業庁は、15万社へのアンケートを基に、下請け業者との価格交渉などに後ろ向きな大企業名を公表した。日本郵便は、調査対象の大企業１５０社の中で唯一、「価格転嫁の状況」の項目で最低ランクを付けられた。取引先のコストが上昇したにもかかわらず、逆に取引価格を減額したという評価だった。

この調査結果を受け、日本郵便が自主点検したところ、１３９郵便局と2地方支社で、ゆうパック配送を請け負う業者から価格の引き上げを求められたのに、協議もせずに価格を据え置くなど、下請法の運用基準に抵触する事例が見つかった。また、営業用の物品を無償で配らせるという悪質なケースもあった。

なぜこのような問題を放置してきたのか。記者会見で質問すると、日本郵便の幹部は「恥ずかしながら、下請法の運用基準などの改正について、認識するタイミングが遅れてしまった」と釈明した。

取材に応じた個人事業主は「長年おかしいと思ってきた問題が、やっと明るみに出た」と話した。ガソリン価格の高騰などを受け、委託料の引き上げを何度も求めてきたが、対応した郵便局の幹部は「それなら、ガソリン代が下がった時には委託料をまた下げますよ」「支社に聞かないと分からない」などと言い、まともに取り合ってくれなかったそうだ。

西日本地方の運送業者のケースでは、夏と年末に支給されてきた繁忙期手当の支給条件を22年に一方的に厳格化されて受け取れなくなり、実質的に取引価格が引き下げられていた。

この業者では、日本郵便との間で、荷物1個当たり百数十円を受け取る契約を結び、実際には「孫請け」のドライバーたちが配達している。社長の男性は「日本郵便は、ヤマトなど大手他社と比べると1個当たりの単価が1割以上安い。ドライバーへの賃金も安くなってしまうので、このままだと人手が確保できなくなる」と話した。

ゆうパックは午前中から午後9時ごろまでの配達時間帯の指定が可能なため、ドライバーは一日中時間に追われる。繁忙期には午前7時ごろから、昼休憩を取れずに午後11時ごろまで働くこともある。単価が安いせいで仕事を増やさざるを得ず、1カ月の休日は平均して5日ほど。男性は「ドライバーが体をこわしたり事故を起こしたりしないか、いつも心配だ」と言った。

男性が改善を求めるのは価格面だけではなかった。

日本郵便との契約には、配達先を誤ったり指定の時間帯に間に合わなかったりした場合に「違約金」の支払いを求められる条項があり、男性は実際に数万円を徴収されたことがある。「ミスをしたら契約を切る」と高圧的な物言いをする郵便局幹部もいるという。

「配達に遅れたり間違えたりしてしまうのは、故意ではなく時間に追われた結果なのに、それで罰金を取られることには納得できない。日本郵便は、下請けの弱い立場につけ込むのではなく、対等な立場で委託料や契約内容を見直してほしい」

男性はそう訴えた。

日本郵便は批判を受け、23年春から全国の下請け業者との値上げ交渉に応じ始めた。

毎年100万円近くの自腹購入

Kさんの夫の死が労災と認められた要因の一つが、年賀はがきの販売ノルマだった。過剰なノルマは、郵便局が取り扱うあらゆる商品に課されていた。その対象は配達員だけでなく、窓口担当などの局員にも及ぶ。

第一章でも少し触れた通り、私が最初に書いた郵便局の記事で取り上げたのが、暑中見舞い用のはがき「かもめ～る」の販売ノルマの問題だった。

この記事を出すと、全国の局員から、かもめ～るや年賀はがきのノルマに関する情報が次々に寄せられた。

「ホンマにせいへんつもり？」

大阪府堺市やその周辺地域の各郵便局には、かもめ～る販売について、郵便担当の幹部社員からこんな題名のメールが送られていた。メール本文には「指標（註・販売目標の意）をやれへん？　できない局は、理由を返信メールください！　返信の無い局は達成できると解釈しますので！　ええ加減な取組シートを送ってきている局もキッチリと対応を考えさせていただきますので」と強い表現でノルマ達成を求めていた。

千葉県の郵便局でも「売るぞ！　早期達成だ！　かもめ～る『売れません』は言いません。死ぬ気で売るぞ、死なないから。みんなで早期達成！　かもめ～る」などと書かれた文書が配られていた。労働組合がこの局の局員たちを対象に実施したアンケートでは、「あなたは自爆営業をしましたか」という問いに、回答者約50人のほぼ全員が「はい」と回答。「ゆうパック商品20個8万円、かもめ～る5千円」などと自腹で購入した具体的な金額が書かれ、自由記述欄には「日々のプレッシャーで自爆してしまった。精神的にまいってしまう」「毎日毎日、目標達成のことを言われ、早く楽になりたいと思い自分で買った」などと記載されている。

夫が郵便局で期間雇用社員として働いている女性は、取材にこう訴えた。

「私の主人は、郵便局の上司から『正社員になりたかったら営業成績がものをいう』と言われています。年賀はがきだけでなく、お歳暮などのカタログ商品もです。期間雇用社員の弱みにつけ込むようなノルマの強要には納得できません。正社員になっても毎年１００万円近くを自腹購入に当て続けなければなりません。子育てにもお金がいりますし、そんな余裕はないです。何とかならないのでしょうか」

ノルマが達成できなければ、見せしめのような仕事をさせられるとの声も寄せられた。

年賀はがきの販売では、大型商業施設の一画などを借りて、局員が通りがかりの人たちに「年賀はがきは必要ありませんか」と声を掛ける「臨時出張所」という営業の場がある。ノルマ未達の局員には「臨時出張所に行け」という指示があり、場合によっては年末年始返上で臨時出張所での声かけをしなければならないという。

臨時出張所を開設するには、場所を借りる費用や休日出勤の人件費もかかり、費用対効果でみるとマイナスになることも多い。九州の局員は「臨時出張所で収益が上がるとは誰も思っていない。単なる罰ゲームです」。東京の局員は「臨時出張所に毎日参加させられた新人が、年が明けてすぐに退職してしまった」と話した。

自腹で購入された年賀はがきの多くは、局員が金券ショップに持ち込んでいた。日本郵便は、年賀はがきが金券ショップに出回れば安価に転売され、はがきの市場価値が下がってしまうことなどから、換金行為を社内規定で禁止している。それでも横行していたのは、当然ながら、局員が金銭的な負担を少しでも減らしたいと考えるからだ。

金券ショップの買い取り価格は、未開封で、発売から間もないほど高くなる。中堅のある男性局員は、多い年には1枚63円の年賀はがき約1万枚を自腹で購入。これを販売開始と同時に高値で買い取ってくれる金券ショップに持ち込んでいた。

ショップの店内では、必ず数人の「先客」と出くわした。彼らはサングラスやマスクで顔を隠し、手にしているのは、自分と同じ年賀はがき入りの未開封の箱。みんな郵便局員だった。店内には、持ち込まれた年賀はがきが大量に並んでいる。男性は「こんなことはやりたくない。でも、1万枚を自腹購入して換金しなければ、60万円以上もドブに捨てることになる」と話した。男性の手取りの年収は約400万円。金券ショップに持ち込むことで、実質的な出費は5万円ほどに抑えられるそうだ。

関東に住む男性は「毎年、九州の郵便局で働く妹から『地元の金券屋で売ると足がつくので、そっちで換金してほしい』と頼まれ、年賀はがき入りの箱が送られてくる」と明かした。

「自爆営業」以外にも、ノルマをこなす手法がある。

複数の小規模郵便局の局長が明かしたのは、コンビニとの「バーター取引」だ。年賀はがきの販売を委託しているエリア内のコンビニに対し、必要以上に大量の枚数を買い取ってもらうのだ。

コンビニ側は、売れ残ったはがきは切手などと等価で交換できるため、腹は痛まない。一方の局長側は、コンビニに引き取ってもらった枚数を販売実績にカウントできるものの、〝無傷〟とはいかない。コンビニの店長から「年賀はがきを引き受けたんだから、こっちにも協力してほしい」と言われ、コンビニが販売に力を入れるクリスマスケーキや恵方巻きなどの購入を求められるからだ。

北陸地方の局長は「クリスマスケーキは、部下の局員たちに1個ずつ協力してもらい、自分は一人で5個ほど買います。毎日ケーキばかり食べてうんざりする。自爆営業した方が楽だと思う時もあります」と話した。

ようやく実現したノルマ廃止

「年賀はがきは郵便局が独占して販売する商品なのに、なぜ過剰なノルマを課され、自爆営業したり他の局と顧客を奪い合ったりしないといけないのか」

「年が明けると、局の窓口には、金券ショップの店員などが売れ残った大量のはがきを切手と交換しにくる。対応するのに膨大な事務作業の手間がかかるし、大量の紙資源が無駄になっている」

多くの郵便局員が、こうしたまっとうな思いを抱きながらも、年賀はがきの自爆営業は、長年の慣習として続いていた。2013年12月には、当時の日本郵政の西室泰三社長が記者会見で「自爆営業は、あってはいけない。（略）ノルマをあてがって、達成できなければペナルティーを科すということは一切やっていません。今年は、それをはっきりと確認しております」

と述べているが、その後も実態は変わらなかった。

かもめ〜るの自腹購入についての報道が影響したのか定かではないが、記事を掲載して間もなく、九州の郵便局員から「大きな動きがありました」と情報提供があった。日本郵便が各郵便局に、19年用年賀はがきについては販売目標を設定しないとの通達を出したという。ノルマの廃止だ。

この通達では「依然として実需のない買い取り等、不適正な販売が根絶できていない状況にあり、実需とかい離した年賀指標（註・販売目標の意）が課題になっている」と記載し、添付された「社長メッセージ」には、過剰なノルマの達成を求める行為は「社員を大事にする会社としてあってはならない」と書かれていた。

現場には「ノルマ廃止は表向きで、何も変わらないのではないか」という不信感があったが、今回の通達はかなりの効果があったようだ。

それを示す内部資料がある。２０１９年用までの5年間に、販売されたにもかかわらず配達されなかった年賀はがきの枚数が記されており、その数は15年用５・５億枚、16年用５・６億枚、17年用５・８億枚、18年用５・６億枚と、毎年５・５億枚以上で推移していた。だが、ノルマが廃止された19年用は４・２億枚で、例年より1億枚以上減少したのだ。

「販売したのに配達されない」年賀はがきは、金券ショップやコンビニで売れ残ったものが多くを占めるとみられる。ノルマが廃止されたことで、局員が自腹購入して金券ショップに持ち込んだり、コンビニに必要以上に引き取ってもらったりする行為が大幅に減ったのだろう。

日本郵便は取材に対し「年賀はがきの販売枚数については公表しておらず、具体的な枚数に関するお答えは控えさせていただく」と回答している。ある局員は「今までに、年賀はがきの自爆営業で総額100万円ぐらいは身銭を切ってきた。ノルマがなくなって上司から厳しく言われなくなり、やっと解放された」と話した。

同社は、暑中見舞い用はがきの「かもめ~る」についても19年用からノルマを取りやめ、21年3月には、利用者数の低迷を受けて商品の廃止を発表している。

死者のみまもりサービスという皮肉

郵便局に置かれたカタログやチラシで品物を注文し、ゆうパックで配送する物販も、「自爆営業」が多い事業だ。取り扱う商品は、海産物、果物、化粧品、ランドセル、布団など多岐にわたり、特にノルマが厳しいのが食品。目標に達しなければ、局員たちは自宅や家族、親戚あてに自腹で申し込む。

岡山県の女性局員は「年間50万円分は買っている」と打ち明ける。別の局員は「先日は『安倍川もち』の販売対策会議が開かれ、目標達成を厳しく言われた。でも、いくら対策を話し合ったところで、結局は自分たちで買うしかないんです」とぼやいた。

19年夏、日本郵便東海支社管内の各郵便局では「アップルマンゴー」が販売されていた。生産地は沖縄で、3~6個入りの1箱の価格は3480円（税込み）。局員たちは「支社長が自ら仕入れた商品らしく、いつも以上に指導が厳しい」「なぜこの商品を東海で売らないといけないのか、いつもながら説明がない」と訴えていた。販売目標は、支社全体で2万箱。販売期限の前日には、各局に「売れ残りは許されません」などと指示が飛んだ。

最終日に完売すると、東海支社長は「目標個数をやり切り、ゆうパック2万個超の獲得という大きな成果につながりました。アップルマンゴーの話題をきっかけに、お客さまとの距離を縮め、次の商品提案につなげてください」とのメッセージを出している。だが、現場の反応は「うちの局は、7割が自腹購入だった」「一人で5箱以上を自爆した」と冷え切ったものだった。

最も無意味に思えた「自爆営業」は、「みまもりサービス」だった。郵便局員が一人暮らしの高齢者宅などを訪問し、家族に近況をメールで伝えるサービスだ。日本郵便が2017年に月額2500円（税抜き）で始めた。

全国の郵便局ネットワークを生かしたサービスとして収益が期待されたが、多くの局員が「地域ボランティアによる無料の見守り事業も行われており、全然売れない。ほとんどが、局員が自分の家族を見守り対象に契約する自爆営業だ」と口をそろえた。

同居する親を見守り対象にし、自分で自分宛に近況報告を送るという冗談のような契約をする局員も多かった。そんな近況報告は「とくになしｗｗｗ」「あああああ」「12212」などと出鱈目に書かれている例もあり、内部の指示文書では「コメント欄に、ローマ字表記等、内容が不明瞭な記載が確認されています！」と適切な記述を呼び掛けていた。

北海道の高齢夫婦は、遠方で郵便局長をしている孫が、ノルマをこなすために自分たちを見守り対象にして自腹契約していることを知っていた。局員に訪問の負担をかけるのが申し訳なく、自ら局を訪れて「元気です」と伝えていたという。

「ついに死者の見守りまで行うようになりました」との情報提供もあった。ある局員が、見守り対象にしていた母親が亡くなったにもかかわらず、解約すれば新たなノルマが発生するため、契約を継続しているというのだ。

みまもりサービスのノルマは、1局当たり毎年1件。内部資料には、日本郵便の横山邦男社長が18年秋の会議で、「1局1件は負担ですか。ノルマですか」「やるべきことを果たしていただきたい」と、厳しくノルマ達成を求めたと記されている。

2019年7月、こうした実態を記事にすると、日本郵便はみまもりサービスの営業ノルマを廃止し、不要な自腹契約の解約を指示した。すると、同月に全部で約2万3700件あった契約は、翌20年3月には6割減の約9400件になり、22年9月には約5100件にまで減った。大多数が、ノルマ達成を目的にした意味の無い自腹契約だったのだろう。

理想からはなれた民営化の実態

2007年に行われた郵政民営化には、国営だった郵便局に民間のビジネス感覚を取り入れて経営を効率化し、質の高いサービスを提供するとの狙いがあった。しかし、ここまで見てきた通り、実際には保険営業の現場では詐欺まがいの勧誘行為が蔓延し、配達などの現場でも厳しいノルマや管理により労働環境が悪化、命が奪われる事案まで起きてしまった。

肝心のサービスも向上したとは言いがたい。民営化後、ゆうちょ銀行の各種手数料や郵便・荷物の配達料金などは次々に値上げされている。

20年11月には、土曜日の郵便配達業務を廃止する法改正が行われた。これにより、配達は平日だけになった上、配達期限を遅らせることも認められ、従来は木曜に投函した郵便物が翌日に届いていた地域間でも、翌週の月曜に配達されるようになった。この法改正は、人件費削減のために日本郵便側が要望したものだ。

郵便物の減少や輸送費、人件費の高騰など仕方のない背景があるにせよ、民営化後の実情は、理想とはかけ離れたものになっている。

そんな中、民営化前から一貫して変わっていないものがある。2万4000という郵便局の数だ。

総務省作成のデータを見ると、金融業務を取り扱う店舗数は、漁協が03年度から08年度にかけて4割減らし、農協も03年度から15年度に35%削減した。業界で急速に合理化が進む中、郵政グループがいかに局数維持にこだわっているかが分かる。

15年度の日本郵便の公表資料によると、直営の約2万局のうち3割が過疎地に立地し、このうち1日の平均来客数が30人以下の局は約2700局。多くの郵便局が赤字経営だとみられる。

決算資料によると、こうした郵便局網の窓口事業を維持するために必要な人件費などの営業費用は毎年1兆円ほど。このうち約7割は保険と銀行業務の収益で賄っている。つまり、全国の郵便局を守るため、無理をしてでも収益を上げ、コストカットをしなければならない構造があり、この結果、現場に過剰なノルマが課され、保険の不正販売問題や過労自殺などが引き起こされたとも言えるのだ。

郵政民営化法は、日本郵便に対し、郵便と貯金、保険の事業を全国津々浦々に提供する「ユニバーサルサービス」を義務付けているものの、郵便局の数を減らすなと求めているわけではない。都市部には、歩いて行ける範囲に複数の局があり、過疎地の赤字の局にも必ず管理職として局長が配置されている。国民が困らない程度に合理化する余地はあるはずなのに、郵政グループは、郵便局網にだけは手を付けてこなかったのだ。

さまざまな弊害を生みながらも、頑《かたく》なに郵便局の数を減らさないのはなぜなのか。その疑問を掘り下げると、政治も絡む郵政のゆがんだ組織構造が見えてきた。

第三章　局長会という闇

目標は一人当たり「80世帯100人」

２０１８年秋、関東地方の小規模郵便局の局長を務めるＣさんは、ある会議に出席していた。月に１度、地域の局長たちや、大規模郵便局の管理職などが集まる定例の打ち合わせだ。昼すぎに始まり、郵便や保険、貯金などの業務について話し合っていく。夕方、区切りがついたところで、進行役の局長が「会社の会議はこのあたりで終わりにしましょうか」と告げた。大規模局の管理職や地方支社の社員たちが退室していき、残ったのは10人ほどの局長だけ。休憩を挟み、進行役の局長はこう言った。

「そろそろ部会の会議をやりましょう」

これを合図に始まったのは、地域ごとに組織される「郵便局長会」の部会の話し合いだ。局長会は会社とは別組織という位置づけのため、ここからは業務外の扱いになる。

選挙担当の局長がかしこまった表情で語り始める。

「先日、来夏の闘いについての説明を受けてきました。今回、後援会員の獲得目標は一人当たり『80世帯100人』。これを来年3月までに達成し、夏の選挙では、一人30票を目指すことになります」

Cさんは思わず「そんなの無理でしょ」と口にした。他の局長たちも動揺を隠せない。

選挙担当の局長は厳しい表情を浮かべながら「決まった数字なので仕方がない。今回、支援する柘植《つげ》さんは局長会の出身者です。前回よりも票を大幅に増やし、自民党内でダントツのトップで当選させないといけない」と呼びかけた。

「また地獄の毎日だ……」

この日を境に、Cさんたちの後援会員獲得活動が始まった。

全国郵便局長会による選挙活動

全国約2万4000の郵便局は、三つの種類に分類される。

①郵便物の配達も含め多様な業務を行う地域拠点の大規模局（約1200局）

②窓口業務を担う町中の小規模局（約1万9000局）

③個人事業主などに切手販売など窓口業務を委託している簡易郵便局（約4000局）

このうち、②の小規模局の局長たちが組織しているのが局長会だ。

正式名称は「全国郵便局長会」。1953年に設立され、約1万9000人の局長のほぼ全員が所属している。会則の第3条には、「会員の勤務条件の向上を図る」と労働組合のような目的を掲げているが、法的な位置づけのない「任意団体」だ。

局長会は政治活動にも力を入れる。参院選のたびに自民党の全国比例から組織内候補を一人擁立し、当選させてきた。参院議員の任期は6年で、3年ごとに半数を改選する選挙が行われるため、局長会は常時二人の議員を抱えている。

翌19年夏の選挙には、2期目を目指す局長会の元会長、柘植芳文《よしふみ》氏の立候補が決まっており、既に後援会が立ち上がっていた。

選挙は業務外の活動になるため、「業務時間中に政治活動をしてはならない」と指示されている。Cさんは、仕事が終わった後や週末に、地域の顔なじみの家を訪問して回った。

「来年の夏の選挙で、私たち郵便局長会は、柘植芳文という者を応援することになっています。後援会員を集めるように言われていまして……」

「局長さんの頼みなら喜んで入るよ。ノルマがあるんでしょ。大変だね」

相手の好意的な反応にほっとすると、Cさんは「つげ芳文後援会入会申込書」を手渡し、氏名や電話番号を記入してもらう。この申込書を、半年の間に80世帯・100人分集めなければならない。

政治活動はデリケートだ。共産党員など、政治信条が相容れない相手を勧誘してしまった場合には、会社に対して「局長が選挙のお願いをして回っている」などと苦情が入れられ、トラブルに発展する可能性もある。数をこなせば成績が上がる保険営業などとは違う難しさがあった。

そこで大事になってくるのが、日々の「地域貢献活動」の積み重ねだ。局長たちは、地元の消防団に入り、商店街など地域の役をいくつも掛け持ちしている。清掃などのボランティア活動があればすすんで参加。知り合いになった地域住民に「何かお手伝いすることはないですか」と声をかける。「局長さんいつもありがとう」と言ってもらい、頼みを聞いてもらえる関係をつくっておくのだ。人間関係が濃くなれば、自然と相手が支援している政党も分かる。

「ここまで必死にやる必要があるんだろうか」

そんな疑問を抱えながらも、Ｃさんは入会申込書を集めてまわった。

ノルマと人事権で圧力

Ｃさんたち現場の局長には「成功を勝ち取ろう！　必達30！」と集票ノルマの達成を呼びかける文書が配られ、日がたつごとに活動は過熱していった。集まりのたびに、幹部から進捗状況を報告させられる。集めた入会申込書も提出させられ、局長が勝手に他人の氏名を書いていないか、筆跡まで確かめられた。

個人ごとに獲得した後援会員の数をまとめた一覧表が作成され、集めた人数が少ない局長は「局の椅子に座ってるだけだからこんなことになるんだ。もっと地域に溶け込め」と叱責された。周りで聞いているＣさんたちは、いたたまれない気持ちになる。

局長会には「部会」の上部組織として、約１００局を束ねる「地区局長会」があり、選挙はこの「地区」単位で取り仕切られる。

地区会長を務める局長がＣさんたちの部会を訪れ、会議に参加した日、その場の緊張感はさらに高まった。

例によって会社の業務についての話し合いが終わり、Ｃさんたち局長だけが残って局長会の会議が始まると、それまで黙っていた会長は「それでは私から話をさせてもらいます」とおもむろに話を切り出した。

一人当たり「80世帯100人」分の後援会員を集める地区の目標は、達成にはまだ遠かった。会長は「危機的状況と言わざるを得ません。この部会では、どれぐらい集まっているのか」と尋ね、手渡された資料に目を通す。「このペースで目標を達成できると考えているのか」と問い詰められ、Cさんたちは「これから挽回します」と必死に取り繕った。

会長は、日本郵便社内では「地区統括局長」という要職に就いており、配下の局長たちの人事評価をする権限を持っていた。Cさんの地域では以前、ある局長が僻地の局に異動になったことがあり、「選挙をまじめにやらなかったから、会長に飛ばされたのではないか」とささやかれていた。小規模局の局長には原則として転勤がないだけに、この人事異動の衝撃はなおさら大きかった。

「選挙は業務とは関係ないはずじゃないか」

Cさんは、人事権を背景にして威圧的に数字を求める会長に反論したかったが、怖くて何も言えなかった。

ゴールデンウィーク返上で「事前運動」

後援会員集めが終わると、19年4月からはさらに過酷な「ランクアップ活動」が待っていた。局長たちは、後援会員になってくれた人に対し、票を入れてくれそうな度合いに応じて勝手に「A」「B」「C」などとランクを付けている。Aランクは、誰に投票するかを尋ね、「柘植さんだよ」と答えてくれる後援会員を指す。一人でも多くAになるよう、自宅への訪問を重ね、働きかけるのがランクアップ活動だ。

この年のゴールデンウィークは、連日、ランクアップ活動の「統一活動日」に指定された。後援会員宅を訪ねる際は、必ず二人一組で行動するよう指示される。Cさんは「さぼっていないか、互いに監視させるのが目的だ」と受け止めていた。

局長会が当選を目指す柘植芳文氏は、参院選の全国比例での立候補となる。全国比例の投票用紙には、政党名を書いても候補者名を書いてもどちらでも良いルールになっているため、票を積み上げるためには、確実に氏名を書いてもらわなければならない。

Cさんは、後援会員宅を訪れると、まずは、局長会が準備した説明資料を手に「選挙区の投票が終わって、次に記入するのが全国比例の投票用紙です。これに、『自民党』ではなく『つげよしふみ』と書いてください」と説明した。さらに柘植氏のプロフィールを記載した名刺サイズのカードを手渡し「投票所で名前を忘れた場合は、取り出して見てください」と念を押す。相手が自民党支持者の場合には、「柘植に入れてもらえれば、自民党にも1票が入ることになりますから」と付け加えた。

公職選挙法では、選挙期間が始まる前に特定の候補への投票を呼びかける行為は「事前運動」として禁止され、処罰対象になる。Cさんは「俺たちがやっていることは、間違いなく事前運動に当たり、選挙違反だ」と認識していた。それでも「投票用紙には『つげ』と書いてください」とはっきりとお願いし続けた。そうしなければ、ランクアップにつながらないからだ。

その日の活動が終わると、局長たちは成果の報告を求められた。一人一人の訪問件数やAランクの人数などがまとめられた一覧表が作成され、幹部は「同じ家に最低3回は行け」と指示してくる。Cさんは「こんなことをやっていたら、いつか逮捕者が出るんじゃないか」と不安を抱いていた。

選挙違反の行為でさえ容認

ゴールデンウィークの「統一活動」が終わって間もなく、Cさんは局長会の会合に出席した。局長たちを前に講話をすることになっているのは、選挙に関して厳しい指導で知られる「関東地方局長会」の理事だった。「地方局長会」は「部会」「地区局長会」のさらに上部組織だ。

講話のテーマはもちろん選挙や後援会活動についてだった。Cさんは「問題が起きたとき、身を守るために役立つかもしれない」と考え、録音機をしのばせていた。

理事は約30分間の講話で「(郵政グループには)民営化後も規制があり、それを打ち破るのは、政治の力しかない」「柘植さんが圧倒的な勝利で国会に行くことになれば、私たちの郵政事業は、お客さまの利便性の向上のために、もっと使い勝手の良い形になるんだろうと思う」などと選挙活動の意義を説明していった。そして後半、こんな発言をした。

「お客さんの玄関先で、『つげさんの名前をお願いします』『ぜひ投票していただきたいです』って言っちゃってていいですよ。その言い方って選挙違反。(でも)警察の人が、後ろにマンツーマンで張り付いてることなんてないです。『そんなこと言いましたっけ』『覚えてませんね』、そういうのも必要だと思いますので、ぜひ皆さん方、7月に向かって、頑張っていただければと思っています」

公選法違反の事前運動を、堂々と促していた。

「何とかして、こんなおかしな活動をやめさせる方法はないだろうか」

Cさんは悩んだ末、当時、郵便局の保険の不正販売問題を報じていた西日本新聞の情報提供窓口にメールを送った。

「郵便局長会の選挙活動について聞いてほしい。成果を出せない局長は、恫喝される毎日です。情報源はくれぐれも秘匿でお願いします」


その頃、西日本新聞には、局長会に関する投書やメールもかなりの数が届いていた。ほとんどが、局長ではない一般の局員からの批判の声だった。

「自民党の集票マシンである郵便局長会という組織があります。局長会は、赤字の郵便局を存続させるため、会社と癒着して過剰な営業目標を課し、現場は生命保険の不適正な営業活動に手を染めました。上層部の局長たちが甘い汁を吸うためだけに、これ以上の犠牲を出してはいけないと思い投稿しました」

「郵便局の窓口では生命保険の問題に関する苦情が多く、怒鳴り散らすお客さまもいます。にもかかわらず、局長は選挙活動で一日中、局にいません。仕事そっちのけで選挙の話ばかり。本社も支社も、局長には何も指導しません」

「絶大な権限を背景にした郵便局長会の闇は深く、内部通報をしても会社ぐるみでもみ消されます」

秘密結社のようなイメージを抱かせる郵便局長会とはどんな組織なのだろう。局長本人からの接触はほとんどなく、活動はベールに包まれていた。詳しく知りたいと思い、連絡をくれたCさんに会うため関東に向かった。

綿密に組まれた選挙活動スケジュール

「九州からよく来てくれましたね」

そう喜んでくれたCさんにさっそく局長会の選挙について尋ねると、Cさんはこう説明した。

「局長会は、局長たちの労働組合のような組織で、自分たちの代表を国会に送り込み、政治の力で国や郵政グループに意見をぶつけている。個人的には、この活動自体が間違っているとは思いません。ただ、選挙活動への力の入れようが、度が過ぎているんです」

Cさんは、局長会から配られた選挙活動に関する資料を見せてくれた。

関東地方局長会が作成した「後援会活動のスケジュール」には、2018年秋から19年夏の投開票日までの「取組事項」がみっちりと記されていた。主なものだけを引用すると、こんな内容だ。

【2018年10月まで】

・後援会入会活動の開始（主として既存の支援者を対象に入会活動）

【11月から12月まで】

・進捗状況は、毎月地区単位で把握。必要な挽回策を講じる。※12月末、事務局報告

【19年1月から3月まで】

・後援会入会活動の積極的展開
・年末年始までの取組を踏まえた評価・反省の実施（中だるみが出ないように、組織の引き締めにも配慮）
・早い段階での入会目標達成を目指す
【4月から5月まで】
・後援会入会者名簿の精度の向上、ランクアップ活動
・GW期間中の取組計画の策定、実施
【6月から7月投開票日まで】
・電話作戦
・期日前投票の取組
・票読み、票固めの徹底

支援者を増やすための「話法集」も作成されていた。後援会の入会をお願いする際には、「是非、〇〇さんにも、郵便局のネットワークを維持できるよう、お力をお貸しいただけないでしょうか？　よろしければ、この申込書にご記入ください」と頼みながら入会申込書を手渡す、といった勧誘方法が書かれている。Cさんは「こんな正攻法でお願いしても、うまくいくことはほとんどないですが」と苦笑した。

相手の属性ごとに細かな注意点が記載された文書もある。郵便局のOBに対しては「とにかく低姿勢でお願いすること」、局員には「上司部下の立場ではなく、職場を守るために必要だ

と強調する」。支持政党がない相手には「自民党から立候補していることはあえて言わない」、公明党や共産党の支援者なら「それと分かった時点で『ありがとうございました』と引き上げる」などと記されている。

別の資料では、警察の捜査を警戒していた。

「我々は、警察からは『活動量の大きい団体』と認識されています。マークされていることは間違いありません」「特に、会合終了後に会食したりするところを見張られていることが多いそうです」「後援会活動に関わる『飲食の禁止』もしくは『割り勘の徹底』をしてください」「警察関係情報は、絶対に漏らすことのないよう留意してください。情報は、休日、昼夜を問わず、事務局へ速やかに連絡してください」

Cさんは「末端の局長が捕まったら、絶対にトカゲのしっぽ切りにされるでしょう」とため息をつく。そして「これを聞いてください」と言いながら、ある音声を再生してみせた。関東地方局長会の理事を務める局長が「警察が後ろに張り付いていることなんてない」と言いながら、公選法違反の事前運動を促す発言をした音声だった。

「私たちは毎日のようにこんな指示を受け、選挙活動に追い立てられているんです」

Cさんの説明を聞きながら、組織的に徹底された活動に驚かされた。どんな個人や団体にも政治活動の自由は保障されており、活動自体を安易に問題視することはできないと感じたが、法に触れていれば話は違ってくる。特に、音声の内容は一線を越えているように思えた。しかも、関東地方の有力者の発言だというからなおさらだ。

私は発言の真意を尋ねようと、この局長が働く関東地方の郵便局を訪ねた。不在だったため、質問内容を記した書面を残し、関東出張から戻って返事を待ったが、反応はないまま。日本郵便の広報に取材すると、「会社業務とは無関係の内容」だとして、郵便局長会側に尋ねるよう求められた。だが、局長会側に電話で何度問い合わせても、担当者は「対応を検討する」と言うばかりで、結局、何の回答も得られなかった。

選挙違反が疑われる事案は他にもあった。福岡市内の局長が19年5月、後援会員向けに作成したビラに、「比例代表の投票では、候補者名の『つげ』(ひらがな2文字です)とご記名お願いいたします」と記されていたのだ。関東の事案と同様、選挙期間前に特定候補への投票を呼びかける「事前運動」に当たる可能性が高い。

今回は九州地方郵便局長会の事務局に取材を申し込んだ。すると、ビラを作成した局長本人から電話がかかってきた。「違法な選挙活動ではないのか」と質問すると、局長は「周りから注意されたので、実際には配っていない」と釈明した後、捨てぜりふのようにこんなことを言った。

「おたくに誰が情報提供したのか、きちんと確認しますから」

得票数は、局長にとっての通信簿

選挙戦は終盤にさしかかっていた。

19年7月4日に参院選が公示され、選挙期間に入ると、Cさんの地区では、期日前投票に行くようにお願いする後援会員宅への「電話作戦」が始まった。自分で集めた後援会員に電話をすれば手を抜く可能性があるため、互いに名簿を交換して電話をかけさせられることもあった。

平日に選挙関係の集まりがあれば、局長たちは有給休暇を取得して参加を求められる。Cさんは後ろめたい思いで、部下の局員に「選挙活動があるから、申し訳ないけど午後から休むね」と断りを入れて駆け付けた。自ら積極的に連日休みを取り、期日前投票の会場まで、足腰の弱った高齢者を車で送り迎えする局長もいた。

地区局長会からは、お願いした相手が本当に投票所まで足を運んだか確認するため、「投票済証明書」をもらってこさせるよう指示が出た。集める証明書の枚数にもノルマがあった。

「相手から嫌がられるので、証明書なんてお願いしたくはないけど、上層部はそんなことには構わずとにかくノルマを課してくる。どこまでも追い込まれます」

電話で話したCさんは、かなり疲れた様子だった。

7月21日の投開票日。局長会が擁立した柘植氏は約60万票を獲得し、自民党の全国比例トップで当選した。農業団体や建設業団体の支援候補はいずれも20万票程度で、圧倒的な集票力を見せつけた。

局長会が立てた候補の党内トップ当選は3回連続。直前には保険の不正販売問題が噴出し、日本郵便とかんぽ生命の社長が謝罪会見を行うという逆風下での選挙戦だったにもかかわらず、前々回の約43万票、前回の約52万票からさらに積み上げた。全国約1万9000人の局長が、一人平均30票余りを集めた計算になる。

総務省が公表する選挙結果の資料では、全国比例の候補者の得票数が自治体単位で確認できる仕組みになっている。Cさんが所属する地区では、ノルマの一人当たり30票を上回る数字が出ていた。

「得票数は、局長にとっての通信簿。目標をクリアできていなければ、反省文を書かされ、厳しい指導が待っている。ノルマを達成できて嬉しいというより、ほっとしたという気持ちしかないです」（Cさん）

全国郵便局長会が内部向けに出した文書には、2期目の当選を果たした柘植氏が、都内に集まった約50人の局長を前に語った挨拶の内容が記されている。柘植氏は、全国の局長たちが集めた後援会員数が240万人以上にも上ったと説明して感謝を伝え、「常に戦う強い局長会でなければ、これからの郵政事業は守っていけない」と力を込めた。

特定郵便局のルーツ

局長会は、選挙活動に力を入れることで、何を実現しようとしているのだろうか。改めてCさんに話を聞いた。

「全国の郵便局を維持し、局長の地位も守ろうというのが、局長会の政治活動の目的です」

民営化後、郵政グループは民間企業として自立した経営を求められることになった。一方、郵政民営化法により、過疎地や離島の住民に対してもサービスを提供しなければならないと決められている。「そんな足かせがありながら採算を合わせろというのがそもそも無理な話です。局長会は政治に働きかけ、郵便局を守る仕組みを考えてほしいと訴えている。選挙活動はやり過ぎだけど、この主張自体は私も間違ってはいないと思っています」。Cさんはそう説明した。

私はすんなりとは納得できなかった。民間企業になった以上、政治の力に頼る前に、サービス提供に支障のない範囲で赤字の局を統廃合し、経営の合理化を図るのが自然の流れではないのか。全ての局に必ず局長を配置する必要があるのかどうかも疑問だ。そんな問いを投げかけると、Cさんは考えを整理するように少し間を置いてからこう言った。

「郵便局がなければ生活に支障が出る地域があるんです。簡単に統廃合すべきではないと思う。局長には原則として転勤がなく、格好良くいえば地域に骨をうずめる覚悟で仕事をしている。世襲で引き継いだ局長が多く、地域の生活インフラを代々守ってきたという自負もあります。外から見れば、既得権を守ろうとしているように映るかもしれないが……」

局長会を構成する小規模郵便局長の歴史をたどると、その起源は明治初期にまでさかのぼる。日本の郵便制度がスタートしたのは明治4年（1871年）。財源のなかった政府は、全国各地に配達網の拠点を整備するため、民間から建物を無償で提供してもらおうと考えた。これに応えて自宅などを差し出した地域の名士や地主たちが、小規模局長たちのルーツだとされている。こうした小規模局は、民営化される2007年まで「特定郵便局」と呼ばれた。

局長会が1993年に作成し、今も利用されている「読本『特定郵便局長』」という教科書的な内部資料では、「近代郵便が全国に普及した大きな要因の一つは、我々特定局長の先達の〝給料は不要、局舎は提供する〟といったボランティア精神、また新しい時代の担い手になるのだという誇りと使命感が大きく貢献したことにある」と強調している。

戦後、特定郵便局長は国家公務員の身分になったが、その地位は特別だった。所有する局舎の賃料を国から受け取ることができ、就任してから退職するまで原則として転勤がなく同じ局で局長を務め続ける。一般の局員とは別枠の登用試験があり、子どもや親族を後任に選ぶ「世襲」も事実上、容認されていた。

読本では、局長を特別扱いするような「特定局制度」が、局員たちでつくる労組などからの批判にさらされながらも、自民党への働きかけなどによって守られてきた歴史を紹介し、「〝特定局長〟魂は、百有余年を経ても脈々と我々の中にひきつがれてきているところである」「私達は世界に例を見ない特定局長職を生涯の使命として選択した。であるなら、先輩から受け継いだ特定局長制度を次の世代へも継続させていく責務があると言えよう」と呼びかけている。

民営化という衝撃

そんな局長たちにとって脅威になったのが、「郵政民営化」を掲げて2001年に就任した小泉純一郎首相だった。

「自民党をぶっ壊す」などのフレーズで圧倒的な人気を得た小泉首相は、郵政民営化を「聖域なき構造改革の本丸」に位置づけた。

民営化によって競争原理が導入されれば、郵便局が統廃合されかねない。局長会は、自民党に反旗を翻し、「ストップ郵政民営化1万人集会」「理念なき郵政民営化断固反対総決起大会」などと銘打った集会やデモ行進を繰り返したが、小泉氏を支持する世論からは「抵抗勢力」とみなされ、07年に民営化はスタートした。

これを機に、局長会は組織を挙げて政治活動に注力していくことになる。

民営化翌年の08年に開催された局長会の総会。民営化により「特定郵便局」の名称がなくなり、組織名を「全国特定郵便局長会」から「全国郵便局長会」に改める一方、長年使われてきた「全特」という呼称は継続して使用することに決めた。そして、一部の局長は「みなし公務員」ではあるものの、これまでは公務員として制約があった政治活動を自由に行えるようになったため、会則に「政治的、社会的主張を行い行動する」という規定を追加した。民営化に反対して自民党を離党した議員らが結成した「国民新党」を支援し、09年、同党と連立を組んだ民主党による政権交代を後押しした。

政党への働きかけ

局長会にとって当面の目標は、郵政民営化法の改正だった。

貯金や保険、郵便事業を一体的に運営してきた「日本郵政公社」は、民営化により、親会社の日本郵政、その下に郵便事業会社、郵便局会社、かんぽ生命、ゆうちょ銀行に分社化された（後に、郵便事業会社と郵便局会社は日本郵便に統合される）。

局長会にとって問題は、金融2社、かんぽ生命とゆうちょ銀行の取り扱いだった。

第二章でも触れた通り、郵便局の窓口事業には、人件費などで年間1兆円前後の費用がかかっており、この7割程度をまかなっているのが、保険の委託手数料などの名目で金融2社から受け取る収入だ。郵政民営化法は、日本郵政に対し、金融2社の株式を2017年9月までに全て手放すよう義務付けていた。仮に、金融2社の経営が完全に分離され、郵便局への業務委託をやめてしまえば、郵便局網を維持することが困難になってしまう。そんな懸念を抱く局長会は、法改正により、金融2社をつなぎとめようとしたのである。

局長会が民主党政権に強く働きかけたことを受け、政府は10年、民営化の見直し法案を国会に提出。だが政局のあおりを受け、廃案や継続審議が繰り返され、法案は棚ざらしになる。同年の参院選では、野党の自民党が勝利して「ねじれ国会」になり、局長会は法案を成立させるため、たもとを分かったはずの自民党にも接近した。

各党への働きかけに中心的な役割を担ったのは、後に参院議員になる当時の局長会の会長、柘植芳文氏だ。柘植氏は著書『公の魂は失わず』の中で、「法案の取りまとめにあたって、実質的な作業は、亀井静香郵政改革・金融担当大臣の下の大塚耕平副大臣（民主党）と進めました。副大臣室や名古屋のホテルなどで、法案の中身についてさまざまに話し合いました」と法案作成に関わったことを明かし、「現場の郵便局長は、土日に地元に帰省された議員に対し、積極的に会って法案の重要性を説き、（略）精力的に活動を行いました」「あらゆる角度から頭を下げなければいけないという状況下を鑑み、自民党のキーマンの先生方にも、今まで一度も話をしたことのない公明党の先生にも、この法案の持つ重み、意味を理解されるように頭を下げてお願いしてきました」と振り返っている。

こうした活動の結果、民主、自民、公明3党の合意の下、郵政民営化法改正案が議員立法により提出され、2012年4月に成立する。政府が提出した当初の法案に比べると、局長会の意向は弱められたものの、改正法では、日本郵政による金融2社の株式売却の期限が撤廃され、株式は「できる限り早期に処分」という努力目標に変わった。局長会は当面、収益源の金融2社を、郵政グループにつなぎとめることに成功したのだ。

日本郵政は24年3月時点でも、ゆうちょ銀行株の61・5％、かんぽ生命株の49・8％を保有している。完全な民間企業になるはずだった金融2社は、政府が親会社・日本郵政の株式を保有しているため、国の間接的な関与が残ったまま。民業圧迫を避けるために、商品開発などの規制を受け、不自由な経営が続く要因になっている。

法改正では、もう一つ大きな制度変更があった。

日本郵政と日本郵便に対し、過疎地も含めて全国隅々にまでサービスを提供するよう義務付ける「ユニバーサルサービス」の内容が拡大された点だ。もともとの民営化法では、対象は郵便事業だけだったが、改正法は保険と貯金事業も加えた。郵便配達業務は大規模局が担っている一方、保険や貯金の手続きは、各地の小規模局の窓口で行うことが多く、郵政グループにとっては、より一層、郵便局網の統廃合が困難になった。

局長会は後の内部文書で、こうした法改正などについて「全国郵便局長会が絶えず政治に働きかけを行ってきたことの成果であり、会員の不断の政治活動がその原動力となったことは言うまでもない」と総括している。

漂流し続ける郵政グループ

民営化法が改正された12年の年末、自民党が衆院選に勝利して政権を奪還すると、局長会はほどなく自民党支持に回帰すると決めた。局長会が13年3月に現場の局長向けに出した文書には、この経緯が箇条書きで説明されている。

・自民党には、小泉政権下の平成17年に「郵政民営化法」で裏切られ、それ以来絶縁状態が継続

・このような経緯を踏まえると、自民党との関係修復については、慎重にすべきである、と

の意見があることも承知

・平成25年1月11日には、全特（註・局長会の呼称）役員打ち合わせの場に、自民党の高村副総裁が見えられ、「郵政民営化の関係では、大変ご迷惑をおかけした」とのお詫びの言葉や「未来志向で郵政事業の発展、郵便局の発展のために協力していくことができれば、大変有難い」といった挨拶を受けている

・政治課題を速やかに解決していくためには、全特の立ち位置を理解し、キーマンとなって活躍できる国会議員を政権与党に送り込むことが重要

・また、政権与党内に足場を築くことで、党内での様々な動きや情報を把握することが可能となり、仮に、蒸し返しの議論が出てきても、的確な対応が可能

局長会は13年夏の参院選に、自民党公認を得て元会長の柘植氏を擁立し、当選させた。局長会はその後も、２００人超の自民党国会議員が名を連ねる「郵便局の新たな利活用を推進する議員連盟」と連携しながら、グループ内の取引で発生する数百億円規模の消費税が事実上、免除される制度などを次々に実現させている。

民営化後、郵政グループの事業規模は、郵便物の減少などの影響で縮小し続けている。グループの売上高に当たる連結の経常収益は、約19兆９６１７億円（09年3月期決算）から、11兆９８２２億円（24年3月期決算）にまで減った。一方で、局長会の反発により郵便局網の合理化には一切手を付けられず、巨額の維持コストを背負ったまま。それを何とか補うために、第

一章、第二章で紹介したように、現場には重い営業ノルマが課され、人件費を削減するための厳しい労働管理が行われているのだ。

自らの主張を押し通そうとする局長会の活動の結果、民間企業として健全な経営を目指して船出したはずの郵政グループは、そのゴールを見失い、官とも民ともいえない中途半端な状態で漂流し続けているように見える。

局長会の正体に迫るべく取材を進めていくと、その活動が、郵政グループの経営をゆがめている実態がさらに浮き彫りになっていった。

巨額詐欺事件の発覚

２０２１年4月5日、ある人物から情報が寄せられた。

「日本郵便が公表していない不祥事があります。長崎市の元郵便局長が、現職時代からの長期間、顧客などから現金をだまし取り続けていました。社内調査で判明した分だけで、被害額は10億円に上ります」

不祥事を起こしたとされるのは、元局長のU氏（67）。郵便局で過去に使用されていた証書を手渡して相手を信用させ、貯金名目で現金を詐取するという手口だという。被害額の大きさに驚きながら、長崎総局の記者に連絡し、2年前までU氏が局長を務めていたという郵便局へと急いでもらった。

長崎市中心部の商業施設内に、その郵便局はあった。近くには住宅地や商店街があり、小規模局の中では比較的大きな局だ。

記者の取材に対応した現局長は「何も答えられません」と繰り返す。名札には、U氏と同じ名字が書かれている。情報提供者によると、この局の局長職は、U氏が父親から受け継ぎ、退職後は息子に譲った3世代にわたる世襲だ。

複数の関係者に裏取りし、日本郵便の広報に事実関係を尋ねると、夜になって回答があった。

「元社員がお客さまから現金をだまし取った疑いがあり、全容解明に向け社内調査を行っています」

これを受け、翌日の朝刊に向けて急いで記事を出した。

「元郵便局長10億円詐取か／長崎市／『高金利』かたり25年」（21年4月6日付、西日本新聞朝刊一面）

長崎市の元郵便局長の男性（60代）が約25年にわたり、「高い金利が得られる」などと勧誘し、知人ら四十数人から郵便貯金などの名目で約10億円をだまし取った疑いがあるとして、日本郵便が調査していることが同社関係者への取材で分かった。長崎県警も把握し、捜査しているとみられる。

朝刊に記事を出すと、その日の午後、日本郵便は緊急の記者会見を開き、常務執行役員が「関係者に多大なご迷惑をお掛けし、深くお詫び申し上げます」と謝罪。会社がU氏に代わり、被害者に損失を補償する方針を示した。U氏が社内調査に対して犯行を認め「遊興費などに使った」と話していることも説明したが、詳細については「調査中」を理由に明かさなかった。

詐取した金で別荘購入

取材を進めると、U氏の生々しい語り口や暮らしぶりが見えてきた。

「特別な金利で優待します。ごく限られた信頼できる人にしか紹介していません。明後日までに500万円用意できませんか」

長崎市の医療機関経営の男性（60代）は、U氏からこんな勧誘を受けたと明かす。20年ほど前に患者として来院してからの付き合いで、郵便局の口座の取り扱いなどについてアドバイスしてもらったこともあった。この時は急な話だったため現金を準備できず断ったが、「期限が1週間ぐらいあれば現金を渡したかもしれない。だまそうとしていたなんて残念だ」と憤った。

長崎市の70代の女性は「貯金」の勧誘を繰り返し受け、合計数千万円をだまし取られていた。U氏の妻とゴルフ仲間だったことからのつながりだ。U氏から渡された「証書」には局長印が押されており、「疑いもしなかった」とショックを受けていた。

登記情報によれば、U氏は1995年ごろに、職場の郵便局近くに一軒家を購入している。2009年には、長崎県中央部の海沿いに別荘地として売り出されたエリアでも、土地と建物を取得。このエリアの入り口には「御用の方は、管理事務所にて受付をお願いします」と立て看板があり、敷地内には高級住宅が並ぶ。ここに住む男性は、U氏について「礼儀正しい人だった。海に面した一番良い場所を購入していたので、どんな仕事をしてるんだろうと思っていた」と話した。

元同僚によると、U氏は部下にも慕われる気さくな人柄。「郵便局近くのスナックでよくおごってもらった。ゴルフにもしょっちゅう通っていると聞いていたので、局長の給料で、よくこんな生活ができるなと不思議だった」と振り返る。

後に日本郵便が公表した調査結果によると、U氏は詐取した現金のうち3億円を、一戸建て4軒とアパート1棟、自家用車21台の購入費のほか、ゴルフ代、飲食代などに使ったと確認されている。

U氏は2019年に退職するまで、長崎市北部の14の郵便局を束ねる「部会」で、コンプライアンスの責任者を務めていた。研修では「当たり前のことを当たり前にやっていこう」と法令遵守を呼びかけていたという。

21年6月、長崎県警は詐欺容疑でU氏を逮捕した。起訴に至ったのは4億3000万円分だったが、県警は、公訴時効で立件できなかった分も含めると被害者は63人、被害総額は16億4000万円に上ると説明している。

被告人となったU氏は21年9月29日、長崎地裁で開かれた初公判に出廷し、「間違いございません」と起訴された内容を認めた。

世襲運営の闇

刑事裁判や日本郵便の調査により、U被告が犯行を重ねる中で、郵便局員の立場、特に小規模郵便局の局長に与えられた特別な地位を悪用していた実態がつまびらかになっていく。

U被告は1975年、長崎市内の別の郵便局で、一般の局員として働き始めた。最初に顧客の金に手を付けたのは、入局から8年がたった頃。顧客宅で現金を預かった際、「特別な口座に預けておきますね」とうそをつき、遊興費に使った。裁判の被告人質問で当時のことを問われ、「ついつい手を出してしまった。長男が生まれたばかりで金に困っていた」と身勝手な動機を語っている。

相手を信用させるために利用したのは、バブル期に高金利が得られた「MMC定期郵便貯金」の証書だった。この金融商品が廃止された1993年当時、U被告は、関連書類の破棄を担当していたが、「いつか使えるかもしれない」と考え、証書を処分せず自宅に持ち帰って保管していた。詐取の際には、この証書を「預かり証」として渡し、「年利2・6%」などと通常では考えられない高利率をうたった。

本格的に詐欺を繰り返すようになったのは、96年に父親の後を継ぎ局長に就任してから。退職までの23年間、一度も人事異動がないまま地域との関係を深めた。だました相手は、顧客や所属していたロータリークラブの会員、ゴルフ仲間など、局長の立場を信頼する相手ばかりだ。退職後も、架空の「監査役」という役職を名乗り、息子が局長を務める局舎の応接スペースを使って犯行を続けた。

最初の逮捕容疑となったのも退職後の事案だ。営業中の局内で、既に5000万円をだまし取っていた会社役員の男性（68）に対し、「三つの貯金を解約して、例の口座に預けましょう」と持ちかけている。男性は窓口に移動して事情を知らない局員に貯金の解約手続きを頼み、そのままU被告に1300万円を渡していた。

だました相手から返金を求められれば応じていたため、後半は「自転車操業」の状態。しつこく勧誘してくるU被告を不審に思う人が出始め、20年12月、顧客の一人が別の郵便局に「元局長から高利率の貯金を誘われたが断った」と相談。日本郵便が調査を始めたと気付いたU被告は翌月、長崎県警大村署に自首し、事件は発覚した。

日本郵便はU被告に代わって、被害者たちに少なくとも8億8000万円を補償したが、U被告が判決の日までに日本郵便に弁済したのは15万円だった。

長崎地裁は22年7月26日、「局長である被告人に対する信頼を悪用し、犯行は巧妙で悪質」と指摘、懲役8年を言い渡し、判決は確定した。

16億円超という被害額の大きさもさることながら、私がより深刻だと考えたのは、長期間にわたり、犯行が見過ごされてきた点だった。

U被告が転勤もなく同じ局で局長を務め続けた上、3世代にわたる「世襲」により局の運営が家族だけで行われたことで、チェックの目が入らなくなっていたのではないだろうか。

「不転勤」「選考任用」「自営局舎」の三本柱

局長会が2008年、民営化後の組織運営の方針などを記し、内部での教育のために作成した「礎《いしずえ》」という教本がある。この中で、郵便局長が地域に密着するために重要だと説かれている三つの仕組みがある。

「不転勤」「選考任用」「自営局舎」。礎では、これらを合わせて「三本柱」と呼んでいる。

「不転勤」は、その名の通り局長には原則として転勤がないこと。「選考任用」は、一般の局員とは別枠で局長の採用が行われる制度、「自営局舎」は、局長が局舎を所有することを指す。

「礎」では、これらの三本柱について、民営化後も「明確に担保されることが必要」と位置づけている。

前に説明したように、国営時代、小規模郵便局の局長は、公務員でありながら原則として転勤がなく、世襲も事実上容認されていた。調べてみると、こうした慣例は、局長会が「三本柱」を掲げて会社側に働きかけ、民営化後も守られ続けていたことが分かってきた。「不転勤」「世襲」はU被告だけが特別だったわけではないのだ。

局長会がこれほど重視する三本柱とは何なのか。私は内部資料や証言を基に、一つずつひもといていった。

「不転勤」は、局長を特別扱いするような人事の仕組みだ。

U被告の事件でも明らかなように、現金を取り扱う役職を長期間、同じ人物が務めるのはリスクが伴う。このため、日本郵便は、不祥事を防止するため、金融業務に携わる社員を定期的に異動させると定めた社内ルールを設けている。

ルールができたのは、浜松市の小規模郵便局の局長が7億円余りを着服した事案などが発覚し、関東財務局が２００９年12月に郵便局会社（現・日本郵便）に出した業務改善命令がきっかけだった。同社は業務改善計画を提出し、その中で「原則として、10年以上異動のない社員に対して、他郵便局等への人事異動を実施する」と明記した。

ただ、日本郵便は例外を作った。局長による横領事件が異動ルール導入の出発点だったにもかかわらず、小規模局の局長については「地域に密着する役割がある」という理由で対象外としたのだ。

浜松市や長崎市の事件以外にも、▽熊本県の局長が局内の金庫に入っていた約1億４０００

万円を横領（15年発覚）、▽愛媛県の局長が2億4000万円を横領・詐取（21年発覚）――など、局長による横領や詐欺は後を絶たない。それでも、局長だけは原則として転勤がなく、退職するまで同じ局に務める運用が続けられている。

局長候補の〝事前選考〟

三本柱の二つ目の「選考任用」は、局長を一般の局員とは別枠で採用する仕組みで、それだけでは問題があるようには見えない。だが、実際の採用までの過程には、局長会が自分たちの意に沿う人物を局長として選べるように、表からは分からないプロセスが隠されていた。

複数の関係者が明らかにしたのが、日本郵便の採用試験の前、局長会が局長志望者に対して行っている「事前選考」の手続きだった。

志望者に対してはまず、地区局長会の会長らが「面接」を実施し、「局長会の活動に協力できるか」などを確認する。これに〝合格〟した志望者は、局長会が開く研修を受け、会の歴史や考え方などを教え込まれる。こうしたプロセスを経た上で、日本郵便の採用試験を受けるというのだ。

取材に応じた複数の関係者が「会社側は、局長会が事前に人選していることを把握しており、局長会が適任者と認めた人物しか採用試験に合格できない仕組みになっている」と口をそろえる。

局長会が人選するに当たって重視するのが「世襲」だ。

これを裏付ける内部資料がある。2018年1月、役員らが出席した局長会の「人事制度・

人材育成専門委員会」の議事概要。この日の委員会では、全国の小規模局長1万8730人の属性を調査したところ、5004人が「局長経験者の親族」だったとの結果が報告されている。つまり、約27%が「世襲」の局長だ。

日本郵便という大企業の管理職が、これだけ高い割合で世襲によって引き継がれていることに驚かされる。しかしこの委員会ではむしろ「27%まで低下」「ショッキングな結果」との見解が示され、「親族からの局長任用率低下の原因分析とその向上策」を検討していくとの方針が記載されている。

ある局長は「局長会が世襲で後任を選べば、会社はたいていそのまま採用してくれる。世襲率が低下しているのは、局長職を継ぎたいと考える子どもが減っているからです」と解説してくれた。

3代にわたる世襲だったU被告は、父親から引き継いだ局長職の信用を詐欺に悪用しただけでなく、退職後も、息子が局長となった局舎を自由に使い、犯行に利用していた。

U被告の詐欺事件に際し、日本郵便は、この〝世襲〟への批判を警戒していた節がある。私たちが事件の情報をキャッチし、郵便局に取材に行った日、局長として対応したのはU被告の息子だった。しかし、翌日の緊急記者会見で配布された資料に記載されていた局長の氏名は全くの別人。日本郵便はこの1日の間に、急きょ局長を交代させていたのだ。犯行を許した背景に世襲があることを隠したかったのではないだろうか。

郵便局長の世襲については国営時代から問題視されてきたが、当時の政府、その後の日本郵便とも「世襲を前提に採用しているわけではなく、そもそも採用試験受験者の親の職業を把握していない」との説明を貫いている。

三本柱の三つ目、「自営局舎」。局長会は局長たちに、勤務する郵便局の局舎を所有するよう奨励している。

教本「礎」の中では、「自営局舎」は、「選考任用」や「不転勤」の土台だと位置づけられている。局長が局舎を持つことで、これらの仕組みがより守りやすくなるということなのだろう。

オーナーの局長は、個人として局舎の土地や建物を事前に購入した上で、日本郵便との間で賃貸借契約を結び、賃借料を受け取っている。

日本郵便にとっては、局長から物件を借りることは、社員に対する不当な利益供与につながりかねない。このため、親会社の日本郵政が15年に株式上場した際、取引の透明化を図るため、「他に優良な物件がない」といったやむを得ない場合に限り、局長の局舎所有を認めるというルールを導入した。

だが、それ以降も局長会は自営局舎の方針を掲げ続け、局長が局舎を取得するケースは続いている。23年4月には、朝日新聞の報道が端緒となり、１０３件の局舎移転・建て替えの手続きの際に、日本郵便の担当社員が、局長が局舎を持てるように虚偽の記録を作成して取締役会に報告していたという不祥事が明らかになり、73人が社内処分されている。

「三本柱」は、郵政グループの経営方針とは必ずしも相容れず、むしろガバナンス、コンプライアンス上の弊害となっている。にもかかわらず、会社側は局長会の求めに応じてルールの例外を設けたり、黙認したりしながら容認しているのだ。

すべては集票のため

長崎のU被告による巨額詐欺事件が発覚した直後の21年4月9日、全国郵便局長会の末武晃会長は、会員の局長たちに向けて声明を出した。

「このような事案が続くことは、全特が掲げる『地域密着性』を担保する『選考任用』、『不転勤』及び『自営局舎』の制度を崩壊させかねず極めて憂慮すべき状況にあると言えます。特に、『不転勤』については、地域との距離が近くなるといったメリットがあるにもかかわらず、監督官庁、マスコミから、お客様との関係がルーズになるといったデメリットのみが強調され、犯罪を防止するため見直すべきではないかとの意見も散見されます。（略）局長による犯罪撲滅対策の実施とその徹底を図り、郵便局、郵便局長への信用、信頼を回復しなければなりません」

局長会は、なぜここまで三本柱にこだわるのか。私は東京・六本木の局長会事務局に取材を申し込んだが、「コメントする立場にない」と応じてもらえなかった。

九州のある局長はこんな説明をした。

「局長会は、『選考任用』を利用して会の指示通りに動く人物を局長に据え、『不転勤』によって地域に溶け込ませている。それによって集票力を維持したいという思惑があるのです。選挙で結果を出せば、政治力が強まり、会社ににらみを利かせて三本柱も守り続けることができる、というわけなんです」

関東のCさんも「本来は、地域貢献が会の目的のはずなのに、三本柱という既得権の維持や集票力の強化ばかりが叫ばれるようになった。本末転倒です」と話す。

日本郵便は、郵便や金融といった公益性の高い事業を担い、コンプライアンスの遵守や経営の透明性が求められる半ば公的な企業だ。そんな組織で、政治活動をする社員たちの団体が特別扱いされ、既得権ともいえるような仕組みが温存される状況は異様に思える。経営陣は、局長会にどう向き合っているのだろうか。

トップの認識

21年6月2日、日本郵便は、長崎の事件についての調査結果や再発防止策を説明するために記者会見を開いた。コロナ禍のためオンラインで行われ、画面の向こうでは、同社の衣川和秀社長が険しい表情を浮かべていた。

衣川社長は、U被告の犯行を長期間にわたり見抜けなかった要因には、「不転勤」や「世襲」があったと認めながらも、局長の人事制度を大きく見直す考えはないと説明した。局長が同じ局に長期間とどまるリスクに対しては、各局長を5年ごとに1カ月間だけ、他の職場で勤務させるという対策を打ち出した。「世襲」の場合には、親と子の間に第三者が局長を務める期間を設け、なれ合いを防ぐという。

私を含め出席した記者からは、こうした再発防止策の効果を疑問視する質問が相次いだ。

——郵便局長を普通の人事異動にしないのはなぜか。

衣川社長「地域密着型人事の良い面はできるだけ残していきたいということを考えており、

人事異動をまったくやらないということではないが、まずは、（5年ごとに）1カ月程度、職場を離れることで（不祥事への）牽制を効かせていきたいというものだ」

――金融商品を取り扱う一般の局員は、不祥事を防ぐために10年以内に転勤させているが、多くの局長は10年以上、同じ局にいる。10年を超えないとできない地域密着とはどのようなものなのか。

社長「たとえば、地方自治体とのいろんな連携、地方銀行との連携、それから地元でのいろんな活動、防災士とか消防団とかいろんな活動をやっている。そうしたところは、できる限り残していきたい」

――いまおっしゃった施策は、10年を超えなくてもできるのでは。

社長「やはり自治体、地元の方との関係というのは、期間が短いと難しいんじゃないかなと、現時点では考えている」

――5年ごとに1カ月間だけ交代させる対策は、人事異動ではないので効果が薄いのではないか。

社長「1カ月（の交代）は発令を行うことになると思うので、ある意味、人事異動といえば人事異動。よその局長さんや支社の職員がそこで仕事をして頂くということで、何か問題があれば、気付きやすくなるという効果はあるんだろうと思っている」

――局長が地域に密着することで、顧客にとってはメリットがあるのか。

社長「親しみやすい、郵便局にいろんなことを相談しやすいというお声は、お客さまの声として頂いており、そういったものはメリットとして考えて良いのかなとは考えている」

――全国の郵便局で、2世代、3世代で局長をしているところはどのぐらいあるのか。
社長「データがあるかどうかも含めてよく分からないが……」
同席した常務執行役員「採用のところで、親子だからという形の確認はしていないので、親が局長だった者が何名いるかについては、お答えはできない」

衣川社長は2020年1月、保険の不正販売問題で横山邦男前社長が引責辞任したことを受けて就任し、「組織風土を変え、風通しのよい会社をつくっていきたい。日本郵便が新たに生まれ変われるよう、全力で取り組んでまいりたい」と語っている。

だが、この日の記者会見では随所に局長会への配慮が垣間見えた。記者から「同じ人がずっと局長をすれば、(詐欺などの)被害の発覚が遅れるのではないか」と問われた際には、色をなして「ぜひご理解をいただきたいのは、大部分の局長さんが、非常にまじめに地域のことを考えて仕事をしていただいているということ、ここはぜひご理解をいただきたい」と反論した。

会社は局長会に物が言えない――。記者会見を通じて、そんな〝治外法権〟のような力関係を目の当たりにした思いだった。

次々に発覚する不祥事

長崎の詐欺事件の発覚後も、西日本新聞には、郵便局長の金銭に絡む不祥事の情報が相次いで寄せられた。いずれも郵政グループが公表していなかった案件だ。

・顧客情報を巡る収賄（21年4月に報道）

熊本県の元郵便局長が在職時、保険代理店の従業員に対して郵便局の顧客情報を繰り返し漏らし、見返りに現金数百万円を受け取っていたという疑惑。元局長はその後、収賄容疑で逮捕され、有罪判決を受けた。

・郵便局長8人による経費の不正受給（21年6月に報道）

大阪府の郵便局長8人が、オンラインで会議を開いたにもかかわらず、日本郵便から会場費を経費として受給するなどの不正を繰り返していた。日本郵便は後に、二人を解雇し、6人を停職などの懲戒処分にしたと発表。架空の会議は110回におよび、165万円を不正請求していた。

・地区統括局長二人による経費不正（21年9月に報道）

福岡県の郵便局長二人が、ホテルで会合を開いたとする虚偽の名目で、それぞれ数十万円を経費精算し、実際にはホテルで利用可能なギフト券を購入していた。二人とも、地域の約100局を取りまとめる地区統括局長の役職だった。対応したホテル従業員がその後、地区統括局長の一人が管轄するエリアで、局長として採用されていたことも判明。日本郵便は経費の不正は認めつつ、「局長の任用は適正に行われた」と説明している。

・郵便局長による7000万円の横領（22年1月に報道）

山口県の郵便局長が、顧客などから約7000万円を横領した疑いがあることが判明。その後、日本郵便が発表した調査結果では、被害額は計約1億1600万円に膨らんだ。

日本郵便は相次いで発覚した不祥事の再発防止策として、全国の郵便局に、事務スペースを監視する防犯カメラの設置を進めている。費用は数百億円を見込む。

これだけの対策を取りながらも、不正の温床となった「三本柱」は容認したままである。

第四章　内部通報者は脅された

郵便局長たちによるパワハラ裁判

２０１９年の暮れ、郵政の取材を続けていた私に、先輩記者が声を掛けてきた。

「郵便局でまた問題が起きているらしいぞ。知り合いの弁護士が担当してるから、話を聞いてみるといい」

紹介を受け、福岡市のホテルのロビーで会ったのは、福岡県直方《のおがた》市に法律事務所を構える検察官出身の壬生《みぶ》隆明弁護士（67）だ。

「今年の夏頃から、パワハラの相談を受けています。被害者側も加害者側も全員が郵便局長。内容が悪質で、刑事責任も問うべきだと考えている。『こんな理不尽な問題を許してはいけない』と、検事の頃に戻ったような気持ちで引き受けています」

壬生弁護士は、福岡地裁に提訴したばかりだという民事訴訟の訴状を見せながら説明してくれた。

「これは、放っておくわけにはいかんよなぁ……」

かつて炭鉱で栄えた福岡県・筑豊地方の北側に位置する直方市。2018年秋、この市域をエリアとする「直方部会」の郵便局長6人は、ある問題に頭を悩ませていた。

彼らの元には、同じ部会に所属する局長に関して、局内に保管されている現金の額を確認する「現金検査」を怠ったり、部下や同僚に暴言や暴力を加えたりしているとの相談が寄せられていたのである。

「部会」は、周辺の10局ほどで構成する日本郵便社内のグループだ。小規模局は、局長も含めて2、3人しか従業員がいないケースもあり、各地に点在した局が孤立してしまう可能性がある。このため、部会を構成し、各局が協力して営業目標の達成を目指したり、不祥事対策に取り組んだりすることになっている。

一方、郵便局長会も、同じエリアごとに同じ名称の「部会」を設けている。所属するのはエリア内の局長たち。それぞれを区別するために、会社側を「表の部会」、局長会側を「裏の部会」と呼ぶこともある。「裏の部会」では、局長たちは、選挙での後援会員集めや、地域のボランティア活動などを協力して行っている。

局長には、部下の局員たちには言えない悩みも多い。同じ部会の局長たちの間には、仕事でも局長会でも日々顔を合わせながら、濃密な付き合いが生まれていく。

そんな部会の〝仲間〟が問題行動を起こしているとの情報が次々に寄せられ、6人は「このままでは、部会の運営にも支障を来《きた》してしまう」と考えるようになった。不祥事を知りながら放置すれば、自分たちまで処分されてしまう恐れもある。「他局の問題」では済まされなかった。

会社側の「部会」の上部には、100局前後を束ねる「地区連絡会」という上部組織がある。直方部会など6部会、約70局で構成しているのは、5市7町にまたがる「筑前東部地区連絡会」だ。

部会内で起きた不祥事は、地区連絡会に報告する決まりになっている。だが、直方部会の6人は尻込みした。地区連絡会トップの「地区統括局長」が、問題行動を起こしている局長の父親、N氏(61)だったからだ。

会社の部会の上部に地区連絡会があるのと合わせ鏡のように、局長会にも部会の上部に「地区局長会」がある。それぞれのトップ、統括局長と地区局長会の会長は、同じ人物が務めるのが慣例だ。N氏も例外ではなく、社内と局長会の両方で強い権限を持っていた。

こうした地区トップの局長たちは、順番としてまず、地区局長会の方で会長に選ばれている。政治家のように宴席を重ねて派閥をつくり、「数の力」で会長に上り詰める者、前任者から「後継指名」を受ける者、選挙活動で高い実績を挙げて成り上がる者――。

各地の局長に話を聞くと、地区局長会の会長は必ずしも会社の事情とは関係なく選ばれていることが分かる。だが、日本郵便は、局長会側の意向を尊重し、地区会長に選ばれた局長をそのまま統括局長に指名している。局長会で会長になれば、社内でも地区を取り仕切る立場になれるというわけだ。

筑前東部地区のトップであるN氏は、よくいえば親分肌、別の言い方をすればワンマンなタイプだった。保険などの営業実績にこだわり、成績の上がらない局長は呼び出しを受けてこっぴどく叱られた。統括局長には、配下の局長の人事評価をする権限も与えられている。地区内では、常にN氏が方針を決め、誰も異論を差し挟めない雰囲気があった。

6人を恐れさせたのは、そんなN氏が息子をかわいがっていることだった。

第三章で見たように、会社が郵便局長を採用するに当たって、実質的に人選をしているのは地区局長会だ。それにより、世襲で後任が決まることも多い。だが、N氏のように、同じ地区内で、親子が同時に局長を務めているケースは極めてまれだった。地区外からも「いかに会長に権限があるとはいえ、やりすぎではないか」とささやかれていたほどだ。

息子の問題行動を見過ごすわけにはいかない。かといって、地区連絡会に報告すれば、N氏からどんな仕打ちを受けるか分からない……。

6人は悩み抜いた末、地区連絡会には報告しないことにした。その代わりに選んだのは、別のルートで告発することだった。

18年10月、6人は、日本郵便本社の内部通報窓口にN氏の息子の問題を伝えた。その際、祈るような思いでこう念を押している。

「この通報がN統括局長やその周辺に漏れると大変なことになります。告発者や協力者が決して不利益を被ることがないようにお願いします」

「お前、俺に挑戦状たたきつけちょろうが」

内部通報から約3ヵ月がたち、年が明けた2019年1月22日の朝。業務用携帯電話の着信音が鳴り始めた。6人の通報者のうちの一人、40代のX局長は、局内で仕事を始めたところだった。電話の画面には、N統括局長の名前が表示されている。悪い予感がした。

通話ボタンを押して受話口を耳に当てると、いきなり罵声が響いた。

「お前、俺に挑戦状たたきつけちょろうが」「かかってこい」

怒鳴り声が続いた後、電話は一方的に切られた。あまりの剣幕に度肝を抜かれた。

再度の電話で呼び出しを受けたX局長は、2日後の朝、N統括局長が勤める隣町の郵便局へ向かう。身の危険を感じ、この日のやりとりを録音していた。

郵便局の応接スペースで向き合ったN統括局長が最初に持ち出した話題は、X局長と自分の息子との人間関係だった。X局長が、息子と同じ部会で働くことを嫌がっていると決めつけ、「お前、転勤しろ」「俺、相手になっちゃる、かかってこい」とまくし立てた。

かつて産炭地だった筑豊地方には、今も荒くれた気質が残る。N統括局長の凄みのきいた物言いに、X局長は「そういうことじゃないです」と消え入りそうな声で答えた。

しばらくすると、N統括局長は「お前、○○（註・息子のこと）が、どんなことがあったか知ってるやろうが」と本題を切り出した。

「はっきり言っとくけど、俺、本社のコンプラと話してるんだ」

そう言って、N氏は日本郵便本社から内部通報に関して何らかの情報を得ていると匂わせると、〝自白〟を迫るように問い詰め始めた。

N「もしな、今回の件が後で出てきたら、お前、そこに名前、絶対ないね？」

X「はい」

N「絶対ないな。お前、その時あったらどうする？　辞めるか？　そのぐらいの断言、できるね？」

X「……」

N「どんなことがあっても、仲間を売ったらいかん。これ、特定局長（註・小規模郵便局長のこと）の鉄則。してないな、そんなこと。約束できるな？　俺、絶対分かるんぞ。今なら許す、今なら許す。最後ぞ。誰にも言わん、今お前が言うたら。5人おろうが、5人」

実際の通報者は6人だったが、確度の高い情報である。X局長は、声を震わせながら否定し続けた。

感情を高ぶらせたN統括局長は、局長が内部通報制度を利用すること自体を問題にした。「局長会の結束が乱れる」というのがその理由だ。

「社員から（内部通報が）上がったんなら、そりゃしょうがないね。局長から上がったのが、これは俺は許せんかった。局長が仲間を売るようなことをコンプラ室に上げるということは、許せん。（略）いつか分かる。社員ならいいけど、局長の名前が載っとったら、そいつら、俺が辞めた後でも、絶対潰す。絶対、どんなことがあっても潰す。辞めさせるまで」

「会社に仲間を売っとるわけよ。局長なら許せん。そいつと仕事を一緒にやれん。だって、局長会っちゅうのは、選挙もやりますよ。選挙違反みたいなこともやりますよね。『あの人、仕事時間にお客さんのとこに行って選挙活動してますよ』と（内部通報を）やられたら、危なっかしくてできんもん」

N統括局長はたたみかけるように「お前の名前はないね？　あるいは、そこに名前を載せとった奴を、お前は知らんか」「誰に誓ってでもやってないな」と問いただした。

X局長が認めずにいると、N氏はこう断言した。

「会社は『だめ』っちゅうけど、その犯人を捜す」

X局長は、恐ろしさのあまり涙を流していた。

1時間あまりがたち、ようやく解放されると、めまいと動悸が止まらない。手はしびれ、顔の感覚もなくなっていた。

この数日の間に、直方部会の他の局長たちも呼び出しを受けている。N統括局長は明らかに、直方部会の局長たちを〝犯人〟だと疑っているようだ。

若手の局長は「お前、誰のおかげで局長になったと思ってんだ」と凄まれた。

「あんたも息子がかわいくないのか」

「奥さん、どんだけ俺がかばってやっていると思ってんだ」

そんなことを言われ、郵便局で働く家族にまで危害が加えられるのではないかと恐怖を覚えた局長もいる。

N氏は地区の統括局長であるだけでなく、九州で指折りの実力者だった。日本郵便九州支社には、約2200人の局長がおり、そのうち統括局長は約30人。さらにその中から、支社内の小規模局を取りまとめる「主幹地区統括局長」と「副主幹地区統括局長」が選ばれる仕組みになっている。N氏は「九州ナンバー2」の副主幹地区統括局長の地位にもあった。

局長会には例によって、地方支社と合わせ鏡の組織、すなわち「部会」「地区局長会」の上部に「地方局長会」があり、N氏は九州地方局長会でもナンバー2の副会長に就いている。X局長を脅した際には、自身の地位を誇示するように「悪いけど、俺ぐらいになるとな、本社がものすごく気を使う」と発言している。

そんなN氏の権力、そして「仲間を売ったらいかん」と口にした時の激昂ぶりを思えば、「潰す」「辞めさせる」という言葉は、ただの脅し文句には聞こえない。

「局長としての人生は終わった」とつぶやく局長もいた。

6人が意を決して行った内部通報についても結論が出ていた。

日本郵便はN氏の息子の問題行為を調査し「事実である可能性が高い」と判断したものの、「証拠が得られなかった」として処分対象にせず、調査を打ち切ったのである。

地区全体を巻き込んだ報復

2月1日、直方市内の郵便局の一室に、N統括局長の息子を除く、直方部会の局長が全員集まっていた。N氏から突然、招集がかかったのだ。何が始まるのだろう。部屋の空気は張り詰めていた。

「大変お忙しい中、お集まりいただきまして、ありがとうございます」

姿を現したN統括局長は、これまでとは一転、神妙な面持ちで語り始めた。

N氏はその前日、本社主催の研修を受けたという。内部通報やパワハラがテーマとなり「その話を聞いてるときに、私は少し血圧が上がってですね、大変な間違いを起こしたと思いました」というのだ。

そして、X局長らに謝り始めた。

「今日は皆様におわびをせないかん。親でございますので、子どもかわいいでですね、これまできました。第一の間違いを起こしたのは、誰が（内部通報を）言ったんだろうという思いが少し出てまいりました。何の根拠もないのに、直方部会の人たちじゃないだろうかと思いました。数名の局長さんに来ていただいて、中には強い口調で詰め寄った人もいました。皆さんのプライドを傷つけたり、苦しい思いをさせたりした」

「内部通報というものを否定することも言いました。仲間を守るだの、信用するだのと言っている私が、皆さん方を信用していなかった。本当に恥ずかしい。おわびを申し上げます」

そう語ると、N統括局長は床に手をつき始めた。

「会長、だめです」

X局長たちが必死に制止する中、N氏は土下座をした。

「私の思いは、偽りのない思いでございます。今日はこれで失礼いたします」

X局長たちはあっけにとられながら、帰っていくN氏を見送った。

この前日にも、N氏の局に呼ばれ、「(通報者として) 名前があったら、俺は辞めてもそいつを潰す」と脅された局長がいる。たった1日で豹変したN氏の姿は、ただただ不気味だった。

しばらくすると、N氏の側近の幹部局長が「直方部会の局長たちと口をきくな」と指示しているとの話が聞こえてきた。実際に、地区内の局長たちはX局長たちを無視するようになった。指示に従わずに親しく会話をした局長は「おまえも同じ目に遭わせるぞ」と脅された。

静かに進む村八分のような仕打ち。不安を募らせたX局長たちは助けを求めようと、日本郵便の本社幹部らと面会の約束を取り付け、上京した。

本社の一室で局長たちと向き合った幹部らの中に、コンプライアンス担当のH常務執行役員がいた。内部通報窓口の業務も所管し、X局長らが通報したN氏の息子の問題の調査にも関わっていた。

H常務らはこんな裏事情を説明した。N氏が内部通報者捜しをしているとの情報をつかみ、H常務はN氏に対し「通報者を特定するような行為は許されない」と指導した。だからN氏はその直後、態度を一変させX局長らに謝罪したのだ。

会社側は、N氏に対し、次年度は統括局長に指名しないという方針を既に伝えており、戒告の懲戒処分にする見通しとのことだった。N氏は「いずれ復帰したい」と語っているという。

戒告は軽い処分だ。しばらく謹慎した後で復権すれば、またどんな目に遭わされるか分からない。

X局長らは「地区内の局長たちから無視されている」と相談した。

だが、H常務は一線を引いた。

「仕事に支障が出るような行為はだめだが、局長会で仲間はずれにされたと言っても、会社はそれには立ち入れない」

局長会はあくまで社外の組織であり、そこで起きる問題には介入できないというのだ。そればかりか、「敵対する人たちのグループを崩していきゃいいじゃないですか」と対立をあおるようなことも言った。

自分たちだけで立ち向かうしかないのだろうか。不安を拭えないまま福岡に戻った。

会社と局長会。二つが表裏一体となった組織の中で、X局長たちはさらに追い詰められていく。

局長会での追及

翌月、筑前東部地区局長会は、代表者たちが集まる評議員会を開いた。地区局長会の役員人事が議題だった。

N氏は欠席。冒頭で役員の一人が、N氏が局長会の地区会長を辞任したと報告した。辞任の理由は「事故」とだけ説明され、詳しい事情は明かされない。

この場には、内部通報した直方部会の6人のうち、最年長のY局長が出席していた。

「これではうやむやにされてしまう」

そんな危機感から、Y局長は意を決して発言した。N氏から通報者捜しをされた経緯を説明し、「犯人捜しは絶対にやってはいけないことになっています。そんなことを行えば、通報制度の秘匿性が失われ、制度そのものが崩壊してしまう。本来、取り締まるべき立場の人間が、会社のルールを無視しているのです。事情をご理解頂きたい」と訴えた。

待っていたのは、理不尽な追及だった。

N氏に近い役員は「犯人捜しをされたということだが、『絶対にしていない』と答えたのか」。別の局長も「犯人捜しをされたという件については、通報したんでしょうか」と問いただす。この場でも、また〝犯人捜し〟が行われたのだ。

「私はしておりません」と答えたY局長に対し、出席した局長たちは次々に厳しい言葉を投げかける。

「局長会という会員の立場同士であれば、話し合いの上でやるべきだ。（内部通報制度は）会社の制度ではあれ、お使いになるのはいかがなものか」

「今、Y局長が言われたことは、局長会の統制を乱すことじゃないかと思う。会の名誉を著しく汚す行為でもあるんじゃないか」

「局長会のみんなが信用できんなら、辞めてください」

「われわれは、局長会のおかげで局長にならせてもらって頑張っています。一致団結してやっていこうという規約もある。一緒にやっていけないし、会を外れてもらいたい」

局長会には昔から「同一認識・同一行動」という合言葉がある。

内部通報は悪、権力者に逆らう者は許さない――。局長たちは、そんな「認識」を一致させ、正しい行動をしたはずのY局長を一斉に糾弾したのである。

〝公開処刑〟された二人

役員らは、「緊急案件」を議題とする地区局長会の臨時総会の開催を決める。そして直方部会を除く地区内の五つの部会を順番に訪れ、「事前説明」をして回った。

ある部会には、二人の役員が訪れた。

「緊急案件の内容は、会員への制裁。会員二人の除名です」

役員らは、その場に集まった部会所属の約10人の局長に対し、「除名」についての説明を始めた。

対象の一人はY局長。先日の評議員会で「長年の功績があるN前会長に対し、名誉毀損に当たる発言をし、侮辱した」というのがその理由だ。

もう一人はX局長。地区内の数人の局長に対して「話を聞いてほしい」などと書いた手紙を送り、「地区会を混乱させる行為」をしたと判断されたという。

役員らは「執行部は苦渋の決断で、否決されれば総辞職するという覚悟のもとに議案を提出することになった。個々の思いはそれぞれあるかと思うが、十分に考えて結論を出してほしい」と求めた。

重苦しい雰囲気の中、局長の一人は「大切な仲間を失うことになってしまう。本当に除名に値するような行為だったのか、当人たちにも言い分があると思う。当事者の話を聞かせてほしい」と要望したが、役員たちは、臨時総会の前に部会としての考えをまとめておくように指示し、帰っていった。

小規模局の郵便局長は、就任と同時に局長会に加入する。局長会に入っていない局長は、特殊なケースを除けば皆無だ。局長の依って立つ所は局長会であり、除名されれば職場でも孤立し、働き続けることはできなくなるだろう。

「除名」が持つ重たい意味を身をもって理解している局長たちは、その場に残り、本音を打ち明け合った。

「X局長のことは昔から知っている。簡単に除名して『さよなら』なんて、とてもいたたまれない」

「二人にも家庭があるし、それを考えると投票なんてできない」

だが、除名の議案に反対票を投じれば、自分たちも標的にされるに違いない。やりきれない思いを抱えたまま、決断を迫られることになった。

当の直方部会に対しては、臨時総会に関する「事前説明」の場は設けられなかった。

その代わりに、一人の局長の携帯電話に不審な電話がかかってきた。発信元は公衆電話。相手は名乗らず、ヘリウムガスを使ったような声音で、こう告げた。

「よく聞け、今度の臨時総会はXとYを除名にする会議だ。公開処刑だ」

２０１９年４月27日に開かれた臨時総会。

X局長とY局長が欠席する中、事前の説明通り、二人の除名処分が議案として提出される。採決では、部会ごとに賛否の票を取りまとめるよう指示が出された。誰が反対票を投じたのか、少なくとも部会の中では分かってしまう仕組みだ。

投票結果は、賛成58、反対５。直方部会の５人が反対した以外は全て賛成票だった。二人の除名は粛々と決まった。

この臨時総会では、会長を辞任したN氏に対し、新設された「相談役」というポストが与えられている。

追い詰められる直方部会

臨時総会から10日あまりが過ぎたころ。除名処分を受けたY局長の局に、N氏の後任の統括局長が訪れた。

「部会長を辞めてほしい」

当時、Y局長は、会社側の「部会」の部会長を務めていた。その辞任を迫ったのだ。

同じ頃、X局長のもとにも二人の役員が訪れ「副部会長を辞任すべきだ」と求めている。

役員らは辞任を要求するに当たり、こんな理屈を繰り返した。

「局長会の会員ではなくなったのだから、会社の役職も降りるべきだ」

会社と局長会とは別組織であるにもかかわらず、彼らがこんな主張をする背景には、局長の人事を巡る特殊な慣例がある。

春の人事の季節になると、まず行われるのが局長会側の役員決めだ。会社側は、局長会側が決めた序列を、ほぼそのまま社内の役職に当てはめる。地区局長会の会長は統括局長、副会長は副統括局長、局長会の部会長は社内でも部会長に――といった具合だ。

そんな慣例を根拠に、役員らは、局長会を除名された局長が社内で役職に就くことはあり得ないと言い張った。局長会から追い出したのにとどまらず、X局長とY局長から社内での立場も奪おうとしたのだ。

役員らは、日本郵便九州支社に対しても、Y局長の部会長職を解任するよう申し入れている。

会社側は、さすがにすんなりと受け入れることはなかったが、局長会側の動きには決して関与しようとしなかった。

役員の一人は、X局長が除名後も局長会バッジを付けていることを問題にし、30人ほどが集まった場で、「けじめつけろよ。誰がバッジ付けていいと言ったんだ」と非難した。

X局長は精神的に疲弊し、「うつ状態」と診断される。副部会長の仕事を続けられなくなり、自ら会社に降職を申し出た。

X局長、Y局長の二人と親交を続けていた直方部会の他の局長たちもターゲットになっていく。

役員たちは彼らに「心の底から俺たちと一緒にやっていこうという気があるのか」「二人の除名に納得してもらわんといかん」などと言い、二人との関係を絶つよう求めたのだ。

直方部会の局長たちは、それでも付き合いを続けていた。すると、役員の一人が保険営業の会議で、直方部会の若手の局長に対し「お前、礼儀がなっていない。だから成績も悪いんだ」「進退を自分で考えろ」などと約20分にわたり、罵声を浴びせた。若手局長はうつむいたまま涙を流した。

彼も「抑うつ状態」と診断され、当時就いていた役職の降職願いを出している。

役員らは、直方部会の局長たちに対し、最後通告として三つの選択肢を突きつけた。
①X局長とY局長が地区局長会に戻りたいのであれば、直方部会の全員がN氏らに謝罪する
②X局長とY局長に局長会に戻る意思がないのであれば、他の局長らは二人と親交を絶つ

③親交を絶てないのであれば、全員が局長会を脱会する

直方部会の局長たちは話し合った末、「どれにも応じられない」という結論を出した。代表して二人の局長が、重い足取りで統括局長を訪ね、「直方部会の局長たちは、他部会の局長たちからずっと無視されて、つらい思いをしています。これと同じことを、さらに二人に対してやれ、というのは無理です」と答えを伝えた。だが統括局長は「会の方針には従ってもらわないといけない」と突き放した。陰湿なやり口に、局長たちは疲れ果てていた。

民事・刑事両面でN氏を訴え

壬生弁護士の事務所に、X局長が相談に訪れたのは、そんな2019年の夏の頃だった。弱々しくしぼんでしまいそうなX局長から事の顛末を聞き、壬生弁護士は怒りに震えた。

「内部通報をした君たちは、何も間違っていない。これは人事権を私物化した悪質な犯罪だ。一緒に闘おうや」

X局長を含め仲間は7人。内部通報をした6人に加え、もう一人の局長も通報者だと疑われ、行動を共にしていた。

ただ、それぞれに温度差もあった。「声を上げても、どうせ何も変わらない」というあきらめ。裁判を起こせば、郵便局で働く家族にまで報復が及ぶのではないかと不安を抱く局長もいる。

打ち合わせのために集まった7人に、壬生弁護士は語りかけた。

「今までも局長会の有力者に逆らって職場を追われたり、不正を告発して不利益を受けたりし

て、多くの局長、局員たちが泣き寝入りしてきたんじゃないのか。君たちには仲間がいる。録音データという動かぬ証拠もある。ここで声を上げなければ、一生、傷を負ったまま生きていくことになるぞ。君たちが日本郵便を変えるんだ。誰ひとり脱落したらいけない。『七人の侍』になるんだ」

壬生弁護士の熱意に背中を押され、全員が「やります」と決意した。

7人が原告となり、N氏ら3人に損害賠償を求めて、裁判を起こすことが決まる。X局長は、内部通報を認めるようN氏から脅されたとして、福岡県警にも相談した。民事、刑事、両面での闘いが始まった。

コンプライアンス部門の言い分

X局長たちは、内部通報をして以降、日本郵便のコンプライアンス部門に対し、N氏らから受けた被害をたびたび相談していた。だが、会社側は「通報者捜しをした」という1点のみを問題にして、N氏一人を戒告という軽い処分にしただけだった。

「会社から放置されている」との思いは拭えなかったが、裁判を起こした相手はあくまでN氏ら3人の幹部局長で、会社を提訴したわけではない。これ以上、社内で孤立することがないよう、会社側にも支援してもらいたいと考え、X局長たちは19年12月、コンプライアンス担当のH常務らと再び面会した。

X局長らは、疑問に思ってきたことを率直に投げかけた。

まずは、内部通報に関することだ。N氏は通報者捜しをした際、「俺は本社のコンプラと話している」と言い、「局長が（通報）したんだ」「5人おろうが」などと、事実に近い情報を得ていた。会社側がN氏に対して、何かしらの情報を伝えたのではないかと感じていたのだ。

局長の一人が「漏れているとしか思えない」と口にすると、H常務は色をなして否定した。

「私はコンプライアンス統括部のトップとして、何万件もの内部通報を担当したが、漏らしたつもりは一遍もない」

H常務の説明によると、内部通報を受けた後、N氏との最初のやりとりは、H常務自らが担当した。通常、不祥事の調査は地方支社が担っており、コンプライアンス部門のトップが乗り出すのは異例だ。N氏が九州ナンバー2の地位にある役職者だったことなどが理由だという。H常務はN氏に対して、息子の調査に入ることを告げ、「調査妨害をしてもらうと困る」と伝えたという。あくまで、調査を円滑に進めるためであって、通報者に関する情報は一切漏らしていないと強調した。

局長らは「会社は私たちのことを守ってくれないんじゃないか」という不信感も口にした。これに対し、H常務らは、今回も「局長会の問題には介入できない」との立場を繰り返した。同席した会社の顧問弁護士は「会社と関連性が非常に深い団体であることは間違いない」と認めつつ、「会社の外の組織なので、一切口出しできない」と言い切った。

パワハラを繰り返した地区役員らは、局長会と会社の表裏一体の関係を利用してX局長らを追い詰めたのに、それを黙認するようなスタンスだ。

ただ、局長たちが受けたパワハラには、明確に会社の業務に関連したものもある。保険営業の会議の場で、若手局長が役員から「進退を自分で考えろ」などと20分にわたって罵声を浴びせられた事案もその一つだ。局長たちは以前から、この件も九州支社に相談していた。局長らがその対応について尋ねると、その場にいた支社の幹部は、気まずそうに「結論は出ました」と打ち明けた。関係者から聞き取りをしたが、「パワハラと認定できない」と結論付けたという。それから既に3カ月も経過しているのに、局長たちには一切、調査結果は伝えられていなかった。その間もパワハラは続いている。支社幹部は「みなさんに説明すべきだった。申し訳ない」とあっさりと詫びた。

地区役員たちからは、ほぼ一方的に攻撃を受けているのに、H常務は「けんかしている連中」などと、単なるもめ事のようにも扱った。N氏が戒告という軽い処分になったことについて「(不満を持つのは)分かる。感覚的には」と共感してみせたり、N氏らの行為を「非常識がまかり通っちゃってる」と言ったり、コンプライアンスの責任者とは思えない他人ごとのような言い方ばかりだ。

H常務は「見放さない」「守る」と繰り返す。X局長たちには、空々しく聞こえて仕方がなかった。

助けを求めて協議に臨んだにもかかわらず、今回もまた、局長会の問題に関わろうとしない会社の姿勢をはっきりと見せつけられたのだった。

ここまでの経緯を壬生弁護士から聞き終えると、私はN氏らに取材を申し込んだ。だが、「個人的なことなので話すことはない」との答えが返ってきた。日本郵便も「訴訟になっているのでコメントは控えたい」との回答。2020年1月11日付の朝刊で、「郵便局内告発にパワハラ／局長7人が統括役ら提訴」という見出しで報じた。

記事掲載の3日後に開かれた第1回口頭弁論で、N氏ら3人は請求棄却を求め、争う姿勢を示した。

同じ日、X局長から相談を受けていた福岡県警は、N氏を強要未遂容疑で書類送検する。「強要未遂」という罪名になったのは、内部通報をしたことを認めるよう脅して強要したものの、X局長が認めなかったため、未遂に終わったという事件の構図が描かれたためだ。

問題が報道され、捜査も動き出したことで、郵政グループはようやく対応に動き始める。日本郵政の増田寛也社長は翌2月の定例記者会見で、「通報者をどうすればもっと守れるのか、少し時間を頂いて考えていきたい」と語り、内部通報制度の見直しに言及した。

日本郵便はそれまでの消極的な姿勢を一転させ、社内調査をやり直す。1年後の21年3月、通報者捜しやパワハラに関与したとして、N氏ら計9人の局長たちを停職や減給、戒告などの懲戒処分にした。

特にN氏については、既に出していた戒告を取り消し、停職1カ月という重い処分を出し直した上、郵便局長の職も解任。N氏はこれを受けて依願退職した。

時を同じくして福岡地検も、強要未遂の罪でN氏を在宅起訴した。会社内のパワハラ行為が、公開の法廷で裁かれるのは異例のことだ。

X局長たちが通報者捜しの被害を受けてから、実に2年余りがたっていた。

法廷で語られたこと

21年6月、福岡地裁で開かれた民事訴訟の口頭弁論では、原告のX局長に対する尋問が行われた。X局長は、はっきりとした口調で証言しながらも、時折、涙で声を詰まらせる場面があった。

(原告側の壬生弁護士による尋問)

——内部通報したことがN被告に分かればどうなると思っていたか。

「私の人生は終わると思っていました」

——にもかかわらず、通報したのは。

「社員からの相談があったということと、(局長に求められる)コンプライアンス責任者としての責任、困っている人を助けたい、そういう気持ちだった」

——N被告からどんな言葉で脅されたのか。

「私は今でも薬を服用していますが……、どうしても頭から離れないのは、『辞めてでも潰す、首を懸けてでも潰す、絶対に』と。この人は自分の進退を懸けて潰しにくるんだと思いました」

——裁判を起こしたり刑事告訴したりしたことは、N被告への仕返し、仕打ちだったのか。

「Nさんが私たちを潰そうとし、無視させ、排除しようとした、その責任を問うのが仕打ちというのは全くおかしいと思います。私は今回、通報者捜しなどを受け、多くのものを失いました。家族や友人や、表立って声を出せない局長たちやたくさんの人が……」

——家族も苦しい目に遭ってるんですね。

「はい」

——和解をしなかった理由は。

「私は信頼できる仲間、役職も失い、将来のキャリアパスもなくなったと思います。それほど、局長会の除名というのは重いものです。それが補塡されないまま和解ということは絶対にできません」


（被告側弁護士による尋問）

——事件前、N被告をどう思っていたか。

「恐怖はどこかに感じながらも、仕事はできる、リーダーシップもありますし、尊敬できるところもありました。上司と部下としては、ちょうどいい距離感というか」

——（事件後に）転職も考えていたとのことだが、気持ちが変わった出来事があったのか。

「〇〇局長の件です（註・直方部会の若手局長が、地区役員から会議の場で20分にわたり罵声を浴びせられた事案のこと）。このまま私が去ってしまうと、〇〇局長は……。あれはひどかった。途中からその様子を見ましたが、大人がすることではなかったです。絶対に許さないと思って、自分で証人を探して会社に報告しました」


この3日後、今度はN被告への尋問が行われた。権力を失い、職も追われた今、何を語るのか。私は静かな法廷で語られる被告の声に耳を傾けながら、ノートにペンを走らせた。

（被告側弁護士による尋問）

――局長会の人間関係は？

「手前みそですが、筑前東部地区の局長会は非常に団結力があり、それぞれの部会に個性があり、特色を生かした活動ができたと思っていました」

――X局長にどんな感情を持っていたか。

「彼は若くて元気の良い局長さんでしたので、非常に好感を持っていました」

――そんなX局長に、なぜ「何が何でも潰す」などと発言したのか。

「彼が通報者ではなかろうかと思ったときに、今までの良好な関係が、怒りに変わってしまって、言ってはならない強い言葉を感情的になってかけてしまった。心から反省しています」

――内部通報は、あなたにとってどういう意味を持っていたのか。

「局長会の団結とか、絆、信頼、こういったものへの不信感が生まれるのではないか、と」

――局長会には、一糸乱れぬ統率力のようなものがあるのか。

「昔から、『同一認識・同一行動』というふうに、同じ方向を向いて、同じ目的を達成するために皆で力を合わせていくというのが、局長会の原点かなと思っています」

――あなただけが特異な考え方を持っているわけではない。

「そう思います」

――一連の騒動で、どんなものを失ったか。

「今までのキャリアであったり、人脈、信用、仲間。自業自得だと思っていますが、郵政人生の締めくくりはもう少し良い卒業をしたかったなと思っております」

——原告の人たちに言いたいことは。

「苦しい、つらい思いをさせてしまったことを反省しておりますし、心からお詫びしたい」

——局長会の良い面とは。

「我々は、ほとんど不転勤でございまして、地域に根を張って郵便局の事業だけでなく、ボランティア活動などをしながら、地域に寄り添って成長していく郵便局の仕事というのは、私自身、人生にとってこんなに大きなやりがいのある仕事はないと感じていましたので、局長会という制度は、それが根幹だと思っていますので、この制度が維持して発展していくことを常に望んでおりました」

——今回、このような争いにもなった。どんな問題点があると思うか。

「『同一認識・同一行動』というのを先ほど申し上げましたけれども、今の時代、果たしてそういう時代ではないのかなと」

——時代遅れと思っているのか。

「社会の変化についていくスピードが遅いのか、あるいは、考え方そのものが間違っているのか、そういったところを、今から局長会というのは大きな課題として取り組んでいかなければいけないのかなと思います」

（原告側の壬生弁護士による尋問）

――あなたは、（内部通報者捜しについて）直方部会の一致団結を願っての行動だったと言っていますね。

「はい」

――そう願いながら脅していいのか。

「……」

――それが正当化されるのか。

「お詫びするしかございません」

――局長会を大事にしたいという強い思いがあったと思うが、こんなことになるなら、局長会というのはなくなった方がいいんじゃないか。

「時代の流れにマッチしていないというのは、事実、あると思いました。一方では、局長会が、全国に2万局ほどあるネットワークを使って地域の発展に寄与していくというのは、大きな財産だと思います。せっかくある局長会、私は発展してほしい、なくしてほしくないというのが正直なところです」

1975年に郵便局で働き始めたN被告は、営業担当の局員からたたき上げ、98年に局長に就任した。裁判で被告側が出した書面には、2011年に地区統括局長に就任後、それまで低迷していた地区の営業成績を、全国238地区中のトップにまで押し上げた業績がアピールされている。それが通報者捜しの免罪符になるとは思えないが、少なくとも、局長の仕事に誇りを持ち、リーダーシップを発揮して熱心に仕事に打ち込んでいたことは間違いないのだろう。

息子を通報されたショックや、X局長らへの逆恨みの感情があったにせよ、局長会という閉鎖的な組織のゆがんだ価値観がなければ、彼がこんな間違いを起こすことはなかったに違いない。傍聴しながら、私はそんな考えを強くした。

厳しく糾弾されたN氏の罪

21年6月8日、刑事裁判の判決の日を迎えた。

福岡地裁は、N被告が、X局長に対して内部通報したことを認めるよう脅したと認定し、被告に懲役1年、執行猶予3年の有罪判決を言い渡した。林直弘裁判官は犯行について「内部通報制度をないがしろにするものであり、人事評価などの権限を有する被告人が『辞めさせる』などと何度も述べており、脅迫の程度が強く、執拗だ」と述べている。

民事裁判でも、同地裁は21年10月22日、原告側が主張した事実関係とその違法性をほぼ全て認め、N被告ら3人に対し、原告7人に計約200万円を支払うよう命じた。

民事、刑事、両面での勝訴を踏まえ、壬生弁護士は「人事権を握る実力者が、その力を私物化し、内部通報制度の秘匿性を侵害したという悪質性を、裁判所がしっかりと受け止めてくれた」と評価した。

精神的に追い詰められ、疲れ切っていた原告の局長たちは、少しずつ元気を取り戻していった。壬生弁護士は、事務所で打ち合わせていた際、一人の局長がこう語った姿を印象深く覚えている。

「精神科で治療を受けるより、ここに来た方が元気になります」

壬生弁護士は「泣き寝入りせず、立ち向かう勇気が物事を変えていく力になる。一緒に裁判を闘えて嬉しかった」と話す。

内部通報はどこから漏れたのか

事件を通じて疑問だったのは、N被告がどういった経緯で内部通報があったことを知り、直方部会の局長らを疑うようになったのか、という点だ。

コンプライアンス担当のH常務は、内部通報を受け、息子の調査を開始する前に、父親であるN被告と接触していた、と先でも少し触れた。検察側は捜査の過程で、この際のやりとりを記録した日本郵便の内部文書を押収し、刑事裁判の証拠として提出している。

これによると、H常務は18年10月16日、N被告に電話し「ご子息が、周りの局長ともめているようだ。その内容について打ち合わせたい」と伝えていた。この9日後には、N被告と面会し「あなたの子息に対する申告（註・内部通報のこと）が来ている。調査を実施するので承知願いたい」と説明している。

「周りの局長ともめている」「申告がきている」といった、通報者を類推できる重要な情報を漏らしていたのだ。H常務はX局長らに対し「私は、何万件もの内部通報を担当したが、漏らしたつもりは一遍もない」と漏洩を否定していたが、この説明は事実ではなかったことになる。

N被告自身も裁判の中で「H役員から電話で、『通報者は複数』と言われました」と明かしている。H常務は「絶対に通報者捜しをしないでほしい」とくぎを刺していたとはいえ、この情報漏洩が、通報者捜しの出発点になってしまったのは明らかだ。

そもそも、息子に関する調査を進めるに当たり、父親であるN被告に事前に連絡を取れば、調査を妨害される恐れがある。通報者を保護する観点からは、内部通報があったことすら秘密にして調査を進めるべきだったと考えられる。

H常務もこうした原則を理解していたとみられ、N被告に連絡した際、「通常なら関係者、しかも家族に事前にこのような説明はしない」と伝えている。

なぜ、こんな特別扱いをしたのだろうか。

ある統括局長経験者は取材に対し「不祥事の調査に当たっては、局長会と会社の間で波風が立たないようにするための慣例がある」と打ち明けた。

彼の説明によれば、小規模郵便局の不祥事に関する調査を会社が始める際、コンプライアンス担当者は、その地区の統括局長に対し「調査に入ります」と連絡を入れる暗黙のルールがある。地区の責任者である統括局長と情報を共有するという名目ではあるが、それ以上に「無断で局長会の縄張りに足を踏み入れない」という配慮を示す意味合いがあるというのだ。

H常務が、本来は最優先で守るべき通報者の秘匿性を侵してしまったのは、局長会に気を使いすぎた結果だったのかもしれない。

形骸化する通報窓口

この事件は、郵政グループ内で「福岡事案」と呼ばれるようになる。コンプライアンス担当の常務執行役員が、内部通報者に関する情報を漏らしていたことが明らかになり、全国のグループ社員の間には「やっぱり内部通報窓口は信用できない」と動揺が広がった。

私はこの事件以前から、保険営業の不正やパワハラ、セクハラといったさまざまな情報提供や相談を受け、証拠が足りずに記事にするのが難しいと感じた際には「社内の通報窓口を利用してはどうか」と促してきた。だが、局員たちは「通報しても調べてくれない」「通報者だと疑われて不利益な扱いを受けてしまう」と口をそろえた。

内部通報制度を健全に運用するためには、通報者に対して調査の進捗状況を丁寧に説明したり、通報したことによる不利益を受けないようフォローしたりする対応が不可欠だ。それができていないために、社員の間には制度への不信感が広がっていた。この結果、内部通報をためらうようになり、不正が放置され、蔓延していったのだと考えられる。

保険の不正販売問題を調査した特別調査委員会も報告書の中で、不正な営業行為に関する内部通報の件数が少なかったことから「内部通報制度は機能していなかったと言わざるを得ない」と指摘している。

郵政グループは21年7月、福岡事案についての調査結果を発表。H常務が内部通報者に関する情報を漏らしていたと認め、「郵政グループの内部通報制度に対する社員の信頼を毀損することになった」として、報酬返納を求める社内処分にすると明らかにした。記者会見をした同社幹部は、不祥事を調査する際に、統括局長に対して「調査に入ります」と事前連絡する慣例があることも認め、「調査の透明性を高めるため、運用を改める」と述べた。

内部通報制度についても、通報窓口に外部の弁護士を起用し、通報者の保護を徹底するための組織改編をするなどして、制度の見直しが実施された。新たな通報制度を始めるに当たり、日本郵政の増田社長は、全社員に向けて「我々、全経営陣は、内部通報制度の改善に本気で取り組みます。社員の皆さんも引き続き貴重な声を届けてください」とのメッセージを出している。

組織内に巣食う宿痾

福岡事案によって明らかになったのは、本来は会社が持つべき局長に対する人事権を、社外の任意団体である局長会が実質的に握っている実態だ。

N被告の刑事裁判の中では、こうした局長会による支配を裏付ける証拠も提出された。検察官が事情聴取した、日本郵便九州支社の人事担当課長の供述調書だ。

課長はまず、局長会について「会社の組織ではないが、会社が方針決定するに当たり、局長会の影響力はとても大きいと感じることがある。昔から、俗に、会社は『表』、局長会は『裏』と呼ばれてきた」と語っている。

続いて課長は、社内では公然の秘密になっているとはいえ、会社が表向きには認めてこなかった人事上の慣例を率直に明かした。

局長の役職の決め方については「統括局長はほとんどの場合、地区局長会の会長でもある。そのため、大多数の統括局長は、地区連絡会の役職に関し、先に決まっている局長会の役職と連動させた意見を上げてくる」「支社は特別な事情がなければ、統括局長の意見を尊重する」と供述している。

そして、局長の採用についても「採用は広く公募制としているが、実態は、局長会が候補者を探して育成し、その候補者が採用試験を受けることがほとんど。この実態は、民営化の前後で変わっていない」と明かし、「局長会と無関係の人が応募してくることもあるが不合格になるケースが多い。少なくとも、私の経験上、そういった方を採用したことはない」とまで述べた。

局長に誰を採用するのか、そして誰を出世させ、または冷遇するのかといった権限を、局長会の幹部が一手に握っていることになる。その結果、局長たちは幹部に逆らえず、「局長は内部通報をしてはいけない」「局長会を除名になれば、会社の役職に就いてはいけない」といった、世の中の常識では考えられない理屈がまかり通ることになるのだ。

一方で、雇用主であるはずの日本郵便は、局長会に人事権を握られ、会の不適切な活動にも口出しができない。裁判を通じて、会社と局長会とのいびつな関係を目の当たりにした壬生弁護士は「局長会は、日本郵便にとって、組織内に巣食う宿痾《しゅくあ》のようなものだ」と語っている。「宿痾」――。それはつまり、長い間治らない病気のことだ。

ブラックボックス化する局長会

２０２１年６月に開かれた記者会見では、日本郵便の衣川社長と記者たちの間でこんなやりとりがあった。

――局長会が局長の人事を実質的に握っている。普通の会社なら、非常におかしいことだと思うが。

「支社は支社としての判断で、人事を行っていると思っている」

――（局長の役職を決める）支社の判断は、局長会の決めたことを反映しているのではないか。

「局長会でお決めになったことを追認しているというわけではないと思っている」

――それではなぜ、局長会の役職と社内の役職がいつも連動しているのか。たまたまなのか。

「そのように考えている」

――全国の局長の役職が、たまたま局長会の序列と同じだということだが、そんな偶然が起き得るのか。

「あの、私としては、現時点ではそのように考えています」


約1万9000人もいる局長の多くの役職が、局長会の序列と〝たまたま〟同じになっているとすれば、天文学的な確率での一致だ。社長がこんな苦しい釈明をせざるを得ないほど、日本郵便の中で、局長会の問題に切り込むことはタブーなのだと受け止めざるを得なかった。

内部通報制度の改善策について説明した同社の幹部も記者会見で「局長会についてはコメントする立場にない」と言及を避け続けた。長崎県の巨額詐欺事件、福岡県の内部通報者捜しと大きな不祥事が続いても、日本郵便は、不正の温床となった局長会を巡る慣例には手を付けないままだ。

それどころか、福岡事案でパワハラに関与したとして9人の局長を懲戒処分にした翌月、日本郵便は、処分したうちの一人を統括局長に昇格させる人事を行っている。理由を尋ねると、同社は「地区内での人望やマネージメント能力、コミュニケーション能力などを踏まえ、適任者として選任した」と説明した。この回答には耳を疑うしかなかった。

妻まで駆り出す仕組み

郵便局について取材を始めた当初、現役の郵便局長からの接触は数えるほどしかなかったが、記事を出し続けるうちに、各地の局長から声が寄せられるようになる。

「局長会の闇を取り上げていただきありがとうございます」と連絡してきた東海地方の局長は、ある文書を提供してくれた。まだ保険の不正販売問題が表沙汰になる前に開かれた保険営業の会議で、統括局長が配下の局長たちに声を荒らげた様子が記録された文書だ。

統括局長は冒頭、「俺は今日めちゃくちゃ機嫌が悪いでな。覚悟しとけよ」と発言し、出席者の一人に向かって「今日の会議不参加でいいわ、帰れ」と叱りつけた。そして、この局長が選挙での集票目標を「35票」と設定したことを持ち出し「最低40票超えないかんって言ってるのに、なんで35票なんだ。『やる』と約束して局長会に入ってきたんだろ。なんで目標を下回った数字が出てくるんだ。営業も一緒だ」と言い、保険営業について「目標100%達成は当たり前。給料もらってて未達はあり得ん」「やれんかったらわかっとるな。人事権は俺にある、覚悟しとけよ」「やれんじゃない、やるんだ」と語っている。業務外の選挙活動と業務の保険営業を同列に扱い、人事権を振りかざしてノルマの達成を求めているのだ。

文書を提供してくれた局長は「福岡と同じで、統括局長が絶対的な権力を持っているので理不尽な要求も逆らえません。自分たちは会社ではなく、局長会に雇われているようなものだ」と打ち明けた。

別の地区では、局長たちが定期的に「服務規律を乱すことがあれば、私の進退を委ねます」

などと書かれた誓約書に署名させられるしきたりがある。誓約する相手は、雇用主の会社ではなく、局長会の地区会長になっている。

多くの局長が不満を訴える行事の一つが、局長会のソフトボール大会だ。局長たちは、地区ごとにチームを結成し、毎年、地方予選を戦う。勝ち進んだチームが出場する全国大会は、開催地の地元の国会議員や市長、郵政グループ幹部らが来賓として招かれる一大イベントになっている。

選手に選ばれれば週末の練習に半ば強制的に参加させられ、選手ではない局長も応援にかり出される。局長たちは口々に「早く終わらせたいので、わざと三振をしている」「局長の仕事はソフトボールと選挙です」などと漏らした。

なお、理由は不明だが、24年1月の全国郵便局長会の役員会では、今後、ソフトボールの全国大会を開催しないとの方針が示されている。これに対し、出席役員からは「一体感を醸成するための施策として有効だ」「慎重に判断すべきだ」との意見が出され、全国大会は廃止するものの、県大会や地方大会については、各地方の判断に委ねることになったという。

「局長夫人会」という組織への不満も寄せられている。

局長たちは、就任と同時に局長会に入るが、妻たちもまた「全国郵便局長夫人会」に加入させられている。夫が局長会の会長なら妻も夫人会の会長となるなど、その役職は、夫たちの序列がそのまま反映される仕組みだという。選挙活動では、夫人会も電話作戦などに動員される。ある局長は「妻から『何で私までこんなことをやらないといけないの』と責められる。会の活動のせいで、夫婦仲が険悪になった」とぼやいた。

女性の郵便局長もいる中、「夫人会」という名称が適切なのかという声が上がり、内部で議論が行われたが、24年4月に「名称を変えない」という結論が出されている。

金銭的な負担の重さを口にする局長も多い。局長会の内部資料によると、局長一人当たりの局長会関連の出費は、毎月平均4万円とのデータが示されている。局長会が毎年、全国の局長から徴収する会費収入は約5億円に上る。

「仕事終わりや土日も局長会に拘束され、家族と過ごす時間もない。前時代的な組織です。ここまで不自由だと分かっていれば、局長にはならなかった」

こう打ち明けた東北の局長によると、近年は、親が局長会に縛られる姿を見て世襲を希望しない子どもが増え、一般の局員たちも局長を目指さなくなり、なり手不足が深刻になっているという。

もちろん、任意団体が独自のルールを決め、活動すること自体には何の問題もない。それが、会員たちの自由な意思に基づき、公序良俗に反しないのであれば。

第五章　選挙に溶けた8億円

〝年末のご挨拶〟の目的

２０２０年12月、東北地方の過疎地にある郵便局。日が暮れたころ、若手のその局長は、窓口業務を終えて局舎の戸締まりをすると、車に乗り込んだ。気温０度近い寒さに身震いしながら、「今日は何軒まわれるだろうか」と思案し、アクセルを踏み込む。

向かった先は、選挙でお世話になっている地域の支援者たちの自宅だ。インターフォンを鳴らし、出てきた住民に「今年もご支援ありがとうございました。来年も何とぞよろしくお願いします」と頭を下げる。そして、筒状の物を取り出し「これは局長会からお渡しするように言われているものです。ぜひ使っていただければ」と手渡した。来年用のカレンダーだ。「毎年ありがとうね」と喜ぶ支援者宅を後にすると、急いで次の家に向かう。

地区局長会の役員からは「カレンダーは、過去の選挙で後援会に入ってくれた人、今後、入ってくれそうな人に、確実に手渡すように」と指示されている。選挙の集票ノルマが増えるにつれ、割り当てられるカレンダーも多くなった。この年は１００部。年明けには、誰に配布したのかを報告しなければならない。

カレンダーの購入資金の出どころを考えると、後ろめたい気持ちが拭えなかった。「会社や警察にバレたら、大変なことになるんじゃないか」――。それでも「上からの指示だから仕方がない」と自分に言い聞かせていた。

この時期、全国の多くの局長たちが、同じように釈然としない思いを抱えながら、カレンダーを手に支援者宅を回っていた。

翌21年の秋。私は電話で話し込んでいた九州の郵便局長から、こんな話を打ち明けられた。

「今年ももう少ししたら、局長会から、カレンダーを支援者に配るように指示が出ます。このカレンダーは会社の経費で購入されたものなんです。それを選挙の票目当てに配るのは、おかしいと思いませんか」

全国郵便局長会は、参院選のたびに自民党から組織内候補を擁立する。集票ノルマを課された局長たちは、日ごろから地域住民らと関係を深め、支援者になってもらおうと目論んでいる。カレンダーは、その関係づくりの「ツール」として、局長会から割り振られるというのだ。

局長から説明を受けても、すぐには問題の本質が理解できなかった。会社の経費を使って政治活動をするのは適切なことではなさそうだ。法律には触れるのだろうか。カレンダーは高価なものではないとしても、全国の局長が一斉に配れば使われる経費は膨大な金額になるに違いない。過去に、地元でうちわを配り、公職選挙法違反の疑いを指摘されて辞任した法務大臣がいたことも思い出された。

相談した上司から「ずいぶんおかしな話だ。調べてみた方がいい」と助言された。まずは、企業の政治活動に関する法律の規定を確かめてみた。

政治資金規正法には「会社（略）は、政党及び政治資金団体以外の者に対しては、政治活動に関する寄附をしてはならない」（21条1項）という条文がある。これは、1988年に発覚したリクルート事件など、企業から政治家への資金提供が相次いで問題になったことを受けて設けられた規定だ。これに違反して企業が政治活動に関して金銭や物品を提供すれば、受け取った側も含めて罰金や禁錮刑が科される。09年には、神戸製鋼所（神戸市）が、同社の労働組合が推薦する地方議員候補の後援会経費約2700万円分を肩代わりしたとして、当時の会長と社長が辞任している。

局長会は、企業献金が例外的に許される「政党」や「政治資金団体」には該当しない。もし、日本郵便が、政治活動に使われると知りながらカレンダーの経費購入を認めていれば、局長会に対する違法な企業献金になるのではないだろうか。

そうでなくとも、仮に局長たちが政治活動に使うことを隠して経費でカレンダーを買っているとすれば、経費の不正利用、さらには詐欺罪などに当たる可能性が出てくる。

いずれにしても、
①カレンダーが会社経費によって購入されていること
②カレンダーが政治活動に利用されていること
の2点を確かめる必要があると考えた。

集票活動に使われたカレンダー

裏付けを取るため、取材で知り合った関係者と連絡を取り、協力をお願いした。次々に情報が寄せられ、10人以上の証言、数百枚の内部資料が集まった。

局長たちが配っていたのは、「郵便局長の見つけた日本の風景」という名の月めくりの壁かけ用カレンダーだった。A3判の大きさで、毎月、各地の郵便局長らが撮影した地元の風景写真が掲載されている。民間の印刷会社が製品化して郵便局側に納入する流れになっており、2020年版と21年版の仕入れ価格は1部160円ということも分かった。

複数のルートから、「郵便局をご利用のお客さまへの年末年始のご挨拶の実施」と題された日本郵便の社内文書も入手した。この文書で同社は、現場の各局長に対し、年末年始の挨拶用の「粗品」を経費で購入し、顧客に贈答するよう指示していた。2019年と20年の文書があり、特に19年は、購入する粗品として「カレンダー『郵便局長の見つけた日本の風景』」が例示されている。局長たちは少なくとも19年と20年、「年末年始のご挨拶」の贈答品の名目で、会社経費を使ってこのカレンダーを買っていたのだ。

九州のある地区の局長会の会合では20年秋、こんな出来事があった。

「今年もカレンダーの経費が会社から認められた。土日を使って支援者に配ってください」

地区会長を務める局長が指示を出すと、出席者の一人が異を唱えた。「会社の経費をこんなことに使って、本当にいいんでしょうか」。会長は何も答えず、他の局長たちはうつむいたままだったという。

先ほどの社内文書には、「粗品」を渡す相手は「郵便局をご利用のお客さま」と書かれている。あくまで業務として配ることが前提だ。それについて東海地方の局長は「局長会からは『支援者に渡すように』と指示が出ていた。経費で買った物品を選挙目当てに配っていいんだろうかと、ずっと疑問だった」と打ち明けた。

別の局長からはこんな話を聞いた。

「同僚の局長は訪問して配るのが面倒だったようで、カレンダーを窓口に平積みにして、誰でも自由に持ち帰れるようにしていたんです。すると、地区局長会の役員に見つかり、『ちゃんと支援者宅に持って行かないとダメじゃないか』と叱られていた」

この他にも、「選挙応援へのお礼をしながら配るよう指示された」(北海道の局長)、「年明けになると、地区会長から、カレンダーを配布した支援者の人数を報告させられた」(関東の局長)といった証言がある。

各地区の局長会の内部資料には「後援会名簿の全員に配布します」(関東地方)、「後援会活動の訪問ツール」(東北地方)などと、カレンダーを政治活動に利用する意図が明確に記されている。

さらに決定的だったのは、全国郵便局長会による組織ぐるみの関与をうかがわせるメールの存在だ。このメールは19年9月2日、局長会の事務局次長が、傘下の各地方局長会あてに一斉に送信したもので、カレンダーの取り扱いについての注意点が記されている。

「今般、本社から購入経費が措置されることになりました。つきましては、地区会長の皆様に対し、『郵便局長の見つけた日本の風景』を購入（1局100部）するようご指導をお願いします。購入したカレンダーは、各郵便局長が日頃お世話になっているお客様、特に今夏の活動等でご協力いただいた方々を中心に配布するものですので、漫然と窓口カウンター上に置いて、来局者に配布する事等がないようあわせてご指導をお願いします」

このメールが送信された19年の夏には、第三章で紹介したように、局長会の元会長である柘植芳文氏を組織内候補として擁立した参院選が行われている。メール文中に出てくる「今夏の活動」が、この選挙活動を指しているのは明らかだった。

専門家の意見

九州地方局長会が20年9月に各地区局長会に送ったメールでは「(会社の) 予算通知文書には『カレンダー購入』の文言は入っていませんので、誤って他の物品を購入しないよう、よろしくお願いします」とくぎを刺している。社外の団体である局長会が、会社の経費で購入する物品を勝手に指定していたことになる。

別の局長会の文書には、「200万部作成する方向で調整中」(19年)、「1本160円×200万本」(20年) との記載があり、2年間で計400万冊のカレンダーが購入され、総額6億円を超える経費が使われたことを示していた。「会社の予算で購入予定 (調整中)」とも書かれており、局長会と日本郵便との間で、何らかの交渉が行われていたこともうかがわせる。あるベテラン局長は「以前は、カレンダーは局長会側の予算で購入していた。会社経費で認められるようになったのは、局長会が会社に政治活動への協力を求めたからではないか」と推測した。

1カ月弱の取材で多くの証拠が集まるにつれ、私は少し不安になった。局長会は、組織内で堂々と「政治活動に使うように」と指示を出している。不正な行為が、ここまで半ば公然と行われている実態が信じがたかったのだった。局長たちの法令遵守意識は、それほどまでに麻痺しているのだろうか。もしかしたら、実は何も問題がないのかもしれない。

政治資金の問題に詳しい専門家に話を聞くことにした。一人は神戸学院大学の上脇博之教授。後に自民党派閥の政治資金パーティー裏金事件を刑事告発し、捜査のきっかけをつくったことで注目される学者だ。

カレンダー問題の概略を説明すると、上脇教授は「局長会が負担すべき政治活動の経費を日本郵便が支出しており、政治活動の公平性をゆがめる行為だ。会社側が政治活動に使われると知りながら経費を負担していれば、違法な企業献金に当たる。組織的に全国で行われているとみられ、大きな問題だ」と明確に解説してくれた。日本大学の岩井奉信《ともあき》名誉教授も「日本郵便は公的なサービスを担う企業であり、局長会との間でどのようなやりとりがあったのかなど、経緯を説明する責任がある」と指摘した。

局長会内からも批判の声

取材結果を踏まえ、21年9月末、日本郵便と全国郵便局長会に取材を申し込んだ。

ある日本郵便の幹部は当初、「一部の郵便局長の問題ですよ」と高をくくっていたが、しばらくして再びやりとりすると「とても根深いようだ」と声を落とした。
10日ほど待ち、日本郵便から次のような回答が文書で送られてきた。

「郵便局においては、地域のお客さまとの関係を一層強化し、お客さまのニーズを捉え、お客さまの利便性を図っていくことが重要であると考えています。そこで、郵便局をご利用のお客さまを対象に、日頃の感謝をお伝えするために、粗品を購入の上、年末年始のご挨拶を実施することを指示してきました。

会社の指示で行っている年末年始の挨拶の活動は、業務上行っているものです。その活動中に、後援会活動を行うことは業務外の活動で、社内ルールで容認しておらず、そのような場合があれば適正に対応したい」

政治目的でのカレンダー配布は、社内ルールに違反する行為だと認めた回答だ。同社はさらに、会社としては政治活動に関与していないと説明し、この年（21年）も実施予定だった「年末年始のご挨拶」は、見直しを検討すると明かした。

一方、局長会は「お答えできない」と取材を拒否した。局長会が組織内候補として当選させた柘植氏ら二人の参院議員の事務所はともに「コメントする立場にない」と答えた。

取材で明らかになったのは、局長会が、集票目当てに巨額の会社経費を私物化していたという「政治とカネ」の疑惑だ。大きな問題だと考えながら、記事を書いた。

「郵便局長　経費で政治活動／配布用カレンダー購入／自民参院議員後援会員に／6億円分か」（21年10月9日付、西日本新聞朝刊一面）

全国の郵便局長が2019年と20年、自民党参院議員の後援会の会員らに配布したカレンダーが、日本郵便の経費で購入されていたことが、西日本新聞が入手した内部資料などで分かった。参院議員は小規模局の局長でつくる任意団体「全国郵便局長会」（全特）が支援しており、「全特の各地方組織の幹部が支援者への配布を指示した」との複数の証言もある。同社の経費が後援会の政治活動に使われた形で、専門家は政治資金規正法が禁じる「企業献金」に当たる可能性があると指摘している。

報道を受け、監督官庁の総務省は、日本郵便に対して事実関係の報告を求めた。同社はあらためて「経費で購入した物品を政治活動に使うのは社内規定違反に当たる」との認識を示し、全国約240人の統括局長に対し、カレンダーを政治活動に利用するよう指示しなかったかなどについて聞き取り調査を始めた。

取材を拒否した局長会は、内部でも沈黙し続けた。現場の局長たちからは「上からの指示でカレンダーを配ったのに、現場が勝手にやったと責任を押しつけられるのではないか」と不安の声が出始めた。カレンダーは、地域で10局程度を束ねる「部会長」の局長がまとめて購入手続きを行っていたため、「割り振られたカレンダーが経費で購入されたものだとは知らなかった。現場のせいにされてはたまらない」と話す局長もいた。

局長会には、会員だけがログインできる「全特ネット」というサイトがある。この中に設けられた掲示板には、匿名ではあるものの、執行部への批判が次々と書き込まれた。

「会社の予算で購入して後援会の方々を中心に配ることになっており、当地区の会員からもおかしいとの意見が出ていましたが、いよいよ大きな問題になってしまいましたね。ガバナンスが全く感じられない会社と局長会ですね」

「かんぽの（保険の不正販売問題の）時と本質が酷似しています。いくら上層部が知らぬ存ぜぬと言ったところで、上から指示が明確にありました。おかしいと思ったことをおかしいと言える組織に改めないといけない」

「局長会は会員を守らないのが分かりました。つくづく情けない組織です」

絶対的な上意下達の局長会組織で、内部からここまで批判の声が上がるのは異例のことだ。局長会は突如、この掲示板を閉鎖した。

関東のある局長は、地区局長会の会長から、選挙活動の指示を記載したメールを業務用パソコンから削除するよう命じられたと明かし、「指示の証拠を隠滅して責任逃れをするつもりではないか」と不信感を持っていた。

記事を掲載してから3週間後の21年10月29日。日本郵政の増田寛也社長は定例の記者会見で「疑念がいろいろ出ている。業務活動と政治活動の線引きがきちんとできていたのか、よく実態を把握したい」と語り、11月中に内部調査を終えて結果を公表する考えを示した。2カ月足らずの調査で実態が解明できるのだろうか。中途半端な結論で終わらせるわけにはいかないと考え、さらに取材を続けた。

カレンダー調達のキーマンを直撃

記事掲載後、現場の局長たちからは、さらに大量の内部資料が寄せられた。一つ一つ読み込んでいくうちに、ある会議の議事概要が目に留まった。局長会の幹部らが、選挙活動の方針などを話し合う「政治問題専門委員会」でのやりとりが記された資料だ。開催されたのは2020年2月26日。前年末のカレンダーの配布状況や、その年のカレンダー調達に向けた意思決定の過程が詳しく書かれている。

議事概要によれば、この会議では、各地方の代表者たちが、前年の19年末のカレンダー配布について「後援会員への対面交付を基本にして、部会長の指示・管理のもと配布を行った」と報告していた。組織ぐるみで、カレンダーを政治活動のために配っていたことが、明確に裏付けられたことになる。

さらに議事概要には、局長会と日本郵便との交渉について、「カレンダーについては、後援者等からの評判がすこぶる良好で、今年末も是非、継続したいとの要望が強かった ↓ 会社と継続交渉することとした」という確認事項が記され、「参議院選挙に向けての大まかな日程等」という項目の中でも「会社に対して、カレンダーを前回並みに調達できるよう折衝する」との方針が記載されている。局長会は日本郵便に対して、カレンダーの購入経費を支出するよう組織として要求していたのだ。

特に目を引かれたのは、この会議を取り仕切っていた局長会幹部の名前だ。「政治問題」担当の副会長だった長谷川英晴氏。会議の冒頭で「自民党の二階俊博幹事長が『選挙は結果が全て』と話されていた。まったく同感だ」「しっかりと準備しておけば、次回の（参院選の）戦いでは前回以上の結果を出すことは可能だ」などと挨拶したと書かれている。

長谷川氏は千葉県の郵便局長出身。局長会内部で「選挙の神様」と呼ばれたこともある選挙活動の実力者だ。２０１９年の参院選では、長谷川氏が率いた千葉県東南地区局長会は、全国平均の3倍以上に当たる「局長一人当たり１００・２票」を集め、全国トップの結果を出している。こうした実績を評価し、局長会はこの会議から1年後の21年春、長谷川氏を、翌年夏の参院選の組織内候補に選んでいた。

別の内部資料によると、長谷川氏は、19年11月の役員会でも「年末時のカレンダー配布等、お客様対応」について説明し、20年1月の会合では、支援者を確保する方法について「たとえばカレンダーを持っていく、個別に訪問する」などと発言している。次期参院選の組織内候補が、会社経費を政治流用するに当たり、主導的な役割を果たしていたのではないか。そんな疑惑が浮かび上がった。何としても、本人に直接話を聞きたい。

この取材当時、長谷川氏は既に自民党からの公認も得ており、翌年の選挙に向け、全国各地で、局長たちを集めた講演活動を続けていた。関係者からの情報で、東京都内のホテルで開かれる講演日程をつかみ、同僚記者二人が会場の外で待ち構えた。地元選出の自民党衆院議員が「局長会は久しぶりだな」と言いながら、会場に入っていく姿もあった。

講演が終わり、会場から長谷川氏が出てくる。声をかけると、笑顔を浮かべて受け答えし始めたが、「カレンダーを後援会員に配布した件で」と本題を告げると、記者の名刺を受け取ろうとした手を引っ込め、「取材対応なら、できればペーパーでくれないかな」と言い出した。

――昨年2月の政治問題専門委員会では、「カレンダーを後援会員に配った」と報告があり、「今年も会社と交渉する」という話が出ていたのではないか。

長谷川氏「それは、ここでは答えられない」

――局長会が組織として、経費で購入したカレンダーを政治活動に使ったと受け取れる。問題があると思わないか。

長谷川氏「いや、ここでは答えられませんから」

続けて「出馬する方針に変わりはないか」などと質問を投げかけたが、長谷川氏は何も答えないまま会場を去って行った。

こうした取材を踏まえ、21年11月3日付の朝刊で、「政治に経費 局長会ぐるみ／来夏参院選候補、主導か／カレンダー配布問題」という見出しの続報を出した。

局長会の見解

この記事を出すに当たり、私は再度、局長会に取材を申し込んでいた。すると今回は、次のような回答が送られてきた。

「当時の長谷川副会長宛にも質問をされているようですが、本件は弊会の会議に関することですので、弊会から一括回答します。

ご質問の趣旨は、あたかも後援会員獲得のためにカレンダーを頒布しているのではないかとの内容ですが、『郵便局長の見つけた日本の風景カレンダー』は日本郵便のお客様への営業施策として、郵便局をより身近に感じていただき、地域のお得意様に日頃の感謝を表すために配布をお願いしているものです。

支援者は、お客様の中でもより郵便局をご理解いただき、支援していただいている方のことであり、後援会員ではありません。

ただし、支援者も後援会員も郵便局長が日々お付き合いをしているお客様に他ならないことから、事務連絡や会議などで用語を必ずしも明確に区別できていなかったものもあることが分かりましたので、今後は注意することとしました」

この回答では、カレンダーの配布はあくまで「営業」活動の一環であり、配った相手は「顧客」だったと強調されている。「支援者」とは、特に郵便局をひいきにしてくれている顧客を指し、選挙の協力者ではないという説明だ。内部資料には「後援会員に配布」と明確に書かれたものもあったが、それは言葉遣いを間違えただけだという理屈である。

局長会の回答についても記事の中で紹介したところ、現場の局長たちからは、さらに反発の声が上がった。

東日本地方の局長は「現場では、『支援者』という言葉は、後援会員や後援会に入ってくれそうな人を指して使っている。顧客のことを支援者とは言わない」と語った。この局長が所属する地区で共有されている「支援者名簿」には、選挙協力の度合いに応じてA～Cのランクを記載する欄があり、その横には、カレンダー配布の有無も記入するようになっている。

東海地方の局長は「『後援会員』と『顧客』を言い間違えたとすれば、顧客に選挙目当てでカレンダーを配ったことになり、より悪質なことになってしまう。苦しすぎる言い訳だ」と話した。

とても額面通りに受け止められる回答ではなかったが、それでも今回は異例といって良い対応だった。長崎の巨額詐欺事件や福岡の内部通報者パワハラ事件、カレンダー問題など、ことあるごとに取材を申し込んできた中で、局長会がまともに回答したのは、後にも先にもこのときだけだった。「コメントできない」という返事があるのはまだましな方で、何の反応もなく無視されるケースがほとんどなのだ。

カレンダー関連のカネが一部還流?

先に触れたように、配布されたカレンダーには、月ごとに各地の局長らが撮影した地元の風景写真が掲載されている。これらの写真を巡っても、ある疑惑が浮かび上がってきた。

内部資料を読むと、局長会は毎年、局長らを対象に写真コンテストを実施しており、カレンダー掲載の写真は、その入賞作品であることが分かった。

局長会がコンテストの作品を募集した際の要項には、「応募作品とその著作権は、全て全国郵便局長協会連合会に帰属する」「全国郵便局長協会連合会は、カレンダー等の写真として有償で貸し出す場合がある」との記載がある。ここに出てくる「全国郵便局長協会連合会」は、局長会とほぼ同じ人物たちが役員を務める関連団体だ。つまり、局長会側が、カレンダーに掲載した写真の著作権を保有し、有償で利用する場合があるという意味だった。

さらに「2020年版カレンダー（郵便局長の見つけた日本の風景）の販売について」と題する局長会の内部資料には、「写真使用の許諾収入関係」という項目の中で、「カレンダーを作成する○○（註・印刷会社名）と写真の使用料について調整中」と記されていた。

これらの記述を読めば、日本郵便が支出したカレンダー購入費の一部は、印刷会社を介し、著作権使用料の名目で局長会側に流れた可能性が高い。

これ以上の明確な証拠は得られなかったが、事実であれば、局長会側は毎年、億単位の経費を日本郵便に要望し、購入したカレンダーを政治目的に不正に利用しただけでなく、経費の一部を現金のまま手にしていたことになる。局長会と日本郵便との関係が、さらにゆがんだものに見えてくる。

顧客情報の流用という疑惑も

カレンダーについて最初に記事を出して約20日後、朝日新聞は、別の切り口でこの問題を報じた。局長たちが、顧客情報を政治活動に流用しているのではないかという疑惑だ。

この記事では、近畿地方局長会の活動を取り上げている。同局長会は局長たちに、郵便局のロビーで顧客に声を掛ける「ロビー活動」を促し、そこで狙いを付けた顧客にカレンダーを渡し、氏名や住所などをリスト化するよう求めていたというのだ。記事では「営業活動で得た顧客の個人情報の政治流用につながりかねない行為」と指摘していた。

私も取材の中で、複数の局長から「顧客情報を政治活動に使っている」という話を聞いた。東日本地方の局長は、地区局長会の役員から「貯金業務の顧客情報を使って政治活動をするように」と指示を受けたと証言した。局長はこれに従い、ゆうちょ銀行を利用している顧客の住所を調べて営業の名目で何度か訪問し、親しくなった後で、後援会に入会するように頼んでいたという。

別の局長は「物販事業の顧客情報を盗み見て、氏名や住所を勝手に後援会の入会申込書に書き写したことがある。筆跡でばれないように、利き手ではない左手で記入した。こんなことでもしないと、支援者集めのノルマがこなせなかった」と打ち明けた。

東北地方局長会の内部資料には「支援者として登録されていない世帯を事業ＰＲのため訪問して信頼を得る」と書かれ、支援者集めのため、業務の利用が促されていた。

膨らみ続ける疑惑。日本郵便の関係者からは「局長会は、これ以上、現場が離反しないようにするため、幹部だけが処分を受け入れることで会社側と話を付けたようだ」との話が聞こえてきた。

２０２１年11月26日、日本郵便は記者会見を開き、内部調査の結果を公表した。

記者会見で配布された「年末年始ごあいさつ用カレンダーの配布問題に関する調査結果について」と題する発表資料では、約１０００人の局長らへのヒアリングの結果として、全国郵便局長会が、経費で購入したカレンダーを「局長会活動」の支援者に配布するよう指示したと認定。「局長会の指示は、会社として政治活動をしているかのような誤解を生じさせる不適切なものであった」と結論付けた。

その上で、末武晃会長ら局長会役員を含む統括局長90人を訓戒や注意の懲戒処分とし、管理・監督責任があった地方支社長6人も月額報酬10％減額（1ヵ月）などの処分にした。

軽い内容とはいえ、局長会の役員らが根こそぎ処分されるのは前代未聞の事態だった。不正なカレンダーの配布は、西日本新聞が報じていた19、20年分だけでなく、18年にも行われており、使われた経費は総額8億円にも上った。

局長会の副会長として主導的な役割をしたとみられる長谷川英晴氏については、参院選出馬に向けて既に退職していたため、調査対象とはしなかったものの、日本郵便は「関与していたと推測はできる」との見解を示した。

大量処分を受け、局長会は「このような事態を招いたことを深く反省し、お客さまをはじめ関係者の皆さまに多大なご迷惑をおかけしましたことを謹んでお詫び申し上げます」との謝罪コメントを発表した。

問題の核心から逃げ続ける日本郵便

多数の幹部局長が処分された結果だけを見れば、日本郵便は、全面的に不正を認めたようにも思える。だが、同社が認定した事実関係は漠然としていた。発表資料に書かれているのは「局長会が不適切な指示をした」というところまでで、その指示を受けた現場の局長がどんな目的で、どれだけのカレンダーを配ったのかについては具体的な記載がない。結果として、経費が不正に使われたのかどうかという肝の部分に触れられていないのだった。

記者会見の冒頭、私は、対応した立林理専務執行役員に対し、次のように質問を投げかけた。

――具体的に何人の局長が、どれだけのカレンダーを、どんな目的で、どのような相手に配ったのか。もう少し詳しく説明してほしい。

「一部の局長が（会社業務と局長会活動の）峻別なく、カレンダーの配布をしていた。これが調査の結果だ」

――会社として、経費をだまし取られたという認識はないのか。

「だまし取られたとか、そういった認識はない。あくまでも局長会の方で、会社業務に便乗するような形で指示が行われた。このように考えている」

――局長たちが会社の経費を使い、政治活動の公平性をゆがめるような行為をしたことになると思うが、会社の社会的責任をどう考えているか。

「局長会の方で、会社業務に便乗するような形で局長会活動が行われたということについては、遺憾であると考えている」

立林氏が繰り返し口にする「会社業務に便乗」とはどういう意味なのだろう。局長がカレンダーを渡した行為はあくまで会社業務で、その前後に支援者と交わしたやりとりは、業務に〝便乗〟して行われた政治活動だと、切り分けて捉えているということだろうか。

この点についてさらに質問されると、立林氏は「（会社業務と局長会活動が）両者、渾然一体となってやられていたのではないか」と言い、立林氏を補佐した事務方の社員は「業務として配っているが、彼らの認識では、一部、局長会活動の認識を持っている。頭の中で、何割という峻別ができない」と釈明した。そんな分かりにくい説明を繰り返しながら、立林氏は、カレンダーが業務目的外に使われたとは頑として認めず、局長会側に損害賠償を求める考えもないと語った。

業務とは関係のない政治活動のために配られたのだから、カレンダーは業務目的外に使われたことになる――。そんな大前提に立って記者会見に臨んだ私は、「目的外」かどうかをあいまいにする、日本郵便の想定外の説明に面食らった。

だが、質問を終えて冷静になって考えると、矛盾点が次々に浮かんできた。

そもそも局長会は、選挙活動の支援者を対象としてカレンダー配布を指示しているのだから、業務だという説明は成り立たないのではないか。この点について問われると、立林氏は「局長会支援者も、広い意味で郵便局をご利用いただいているお客さま」であり、「お客さまではない方に配布されたというのは確認されていない」という理屈を持ち出した。これには、記者から「郵便局を利用したことがない人はいないと思う。日本国民全員が顧客になってしまい、支援者と区別ができない」という指摘が出たが、見解を改めようとはしなかった。

カレンダー配布が、業務としては行われなかったという根拠は他にもある。取材に応じた局長たちは局長会側から「郵便局の窓口では配布するな」「勤務時間終了後か休日に配れ」と指示されていた。社内で、勤務時間中の政治活動が禁じられているためだ。指示した側、指示された側ともに、業務外という明白な認識があったはずだ。だが、補佐役の社員は「局長は管理職なので、勤務時間内外の明確な区分がはっきりできない」「管理職は勤務時間外にも業務をする場合がある」と言い張った。だがそれでいて、再発防止のために、局長に対し「勤務時間中の政治活動の禁止」を指導したという。詭弁を弄するあまり、自己矛盾に陥っているように思えた。

局長がカレンダーを配る際、相手に伝えた言葉はどうだろう。「選挙協力のお礼を伝えて渡した」と証言した局長も複数いる。だが、立林氏は「(配布した際の)実際のやりとりまで調べているわけではない」と開き直るように言った。今回は、あくまで配布を指示した局長会幹部らを問題にしたのであって、指示通りに配布した局長は処分対象にしていない。したがって、末端の局長たちが何と言ってカレンダーを渡したのかは調査しないというのだ。納得できずに「不適切な指示があったのは分かったが、その結果として実際に何が行われたのかまで調査すべきではないか」「選挙協力をお願いして配っていれば、公職選挙法に抵触する可能性もある。なぜ調べないのか」と繰り返し尋ねたが、立林氏は「事案の全容はほぼ解明できた」と言い、さらなる調査を拒んだ。

カレンダーが政治活動に流用されたと認めてしまえば、より多くの局長たちに、より重い処分を出さなければならなくなり、経費の横領や詐欺などの刑事事件に発展する可能性も出てくる。「業務に便乗して局長会の活動が行われた」というあいまいな理屈を押し通すことによって、問題を小さく済ませようとしているとしか思えなかった。

カレンダー購入3年で8億円分

カレンダー問題の焦点の一つは、購入経費の支出を認めるに当たって、日本郵便側がどのような認識を持っていたかという点にもあった。仮に、カレンダーが政治活動に使われると知りながら購入を認めていれば、違法な企業献金に当たる可能性が出てくる。郵政グループはこの点については「客観性を確保するため」として、弁護士らで構成する「外部調査チーム」に調査を依頼した。

局長らの大量処分を発表した記者会見から約1ヵ月後に公表された外部調査チームの「調査報告書」では、まず、局長会側が日本郵便の幹部らに対し、カレンダーの購入経費を支出するよう繰り返し働きかけていた経緯を明らかにしている。

日本郵便側の窓口になったのは、「A会長」なる人物だと書かれている。同社が開示している人事情報と照らし合わせると、かつて同社社長を務めた高橋亨取締役会長のことだと分かった。

最初にカレンダー購入経費が認められた2018年。局長会の事務局担当者は、8月に高橋会長や担当執行役員と面会し、「2019年版カレンダーを日本郵便で購入してほしい」との要望を伝えた。この結果、社内の調整を経て、同社は「お客さまへの年末年始のご挨拶」の施策を決定。約2億円の予算が措置され、1局当たり約50冊、合計約100万冊（約1億5000万円分）のカレンダーが経費で購入された。

要望が実現したことを受け、局長会の事務局担当者は高橋会長に対し「カレンダー調達の件では、会長に大きな決断をしていただき、執行役員に調整いただき実現していただきました。ありがとうございます」などとお礼のメールを送信している。

翌19年には、当時の局長会の山本利郎会長（報告書では「M会長」と表記）が6月に担当執行役員と面会し、「2019年版カレンダーの評判が良かったので、2020年版カレンダーについては前年の2倍の部数を配布できるようにしてほしい」と求めた。すると、予算は約4億円に倍増。計約190万冊（約3億円分）のカレンダーが購入された。20年も「継続施策」として約4億円の予算が措置され、計約210万冊（約3億4000万円分）が買われている。

局長会側は会社幹部らに対し、カレンダーが必要な理由を何と説明したのだろうか。「政治活動に使いたい」と正直に言ったのか、それとも「業務で使う」とうそをついたのか。調査報告書が認定した事実関係は、そのどちらでもなかった。局長会側は、カレンダー費を要望する理由などについて、「詳細な説明をしなかった」というのだ。社外の団体である局長会が、詳しい理由も説明せずに会社側に億単位の予算を求め、その要望がすんなりと通った——。報告書では、そんな不自然な経緯がさらりと書かれている。そして、局長会側が説明しなかったため、同社の幹部らは、カレンダーが政治活動に使われるとは認識していなかった、と結論づけている。

この結論を導き出すに当たり、外部調査チームは、日本郵便の経営幹部らに聞き取り調査をしている。窓口役になった高橋会長は「カレンダーが政治活動に使用されるというリスク等は想起していなかった」と述べた。

一方、もう片方の当事者である局長会の関係者たちに対しては「事実認定を迅速に行うため」という理由で、一切、聞き取りをしていない。このため、局長会側の思惑については何も知ることができなかった。

同社は、調査報告書をそのまま受け入れ、「カレンダーを配布する施策を決定したこと自体に、不適切な点はなかった」として、政治資金規正法違反（違法な企業献金）には当たらないと主張した。ただし、局長会側から直接要望を受けた高橋会長と担当執行役員らについては、カレンダーが政治活動に使われるリスクを認識し、対策を講じるべきだったと判断し、当時現職だった担当執行役員を厳重注意処分にした。

持ちつ持たれつが生み出したゆがみ

調査結果に納得ができずに調べていくと、局長会が擁立した柘植芳文参院議員の公式ウェブサイトで、ある写真が見つかった。

柘植氏の2期目の当選を目指し、2018年9月26日に都内で開かれた「つげ芳文後援会役員会」について紹介するページ。その中に、柘植氏や局長会の役員らが並んで座る中、立ち上がってマイクを握る男性の写真が掲載されている。写真説明にはこんな記述があった。

「後援会参与　高橋亨日本郵便（株）会長の挨拶」

「後援会参与」という肩書で紹介されている高橋会長は、先に触れたように、局長会からカレンダー経費の要望を受けた際、日本郵便側の窓口役となった同社の元社長だ。

カレンダー問題の発覚後、日本郵便は一貫して「会社としては政治活動に関わっていない」と説明し続けている。だが、このサイトの記載によれば、同社会長が局長会の組織内候補の後援会参与を務め、会合であいさつまでしていたことになる。この後援会役員会が開かれたのは、高橋会長が、局長会の事務局担当者から「カレンダーを日本郵便で購入してほしい」と求められた翌月だった。

さらに調べていくと、翌年夏の柘植氏の当選を伝える局長会の内部資料には、当時の局長会の山本利郎会長のこんな発言が記録されていた。

「今回から、後援会の本部役員に郵政グループ各社の社長・会長に就任いただき、オール郵政体制での取組として推進することができた」

経営幹部らがそろって後援会の役員を務めていたのであれば、「会社としては政治活動に関わっていない」という同社の説明は成り立たないのではないだろうか。

日本郵政は取材に「選挙に際して、日本郵政グループとして、特定の候補の応援は行ってはおりませんが、個人としての活動は、会社として制限しているものではございません」と答えた。経営幹部らが選挙活動に関わっていたとしても、あくまで「個人としての活動」という説明なのだ。

局長会にとっては、会社側を巻き込むことで、政治活動は局長会の既得権維持が目的ではなく、郵政グループのため、さらには顧客や地域のための取り組みだという大義名分を掲げやすくなる。一方、経営幹部らにとっては、政治活動に協力することで、局長会との関係を良好に保つことができ、経営を進めやすい。

会社側がどこまで把握していたのかは結局分からずじまいになってしまったが、局長会が一線を越えて会社経費を流用した背景に、両者の持ちつ持たれつの関係があったのは間違いないだろう。

局長に回答を翻させるコンプラ担当

カレンダー問題に端を発して浮上したもう一つの疑惑が、顧客情報の流用問題だ。

日本郵便は、カレンダー問題で局長らの大量処分を発表した際、「顧客情報が使用された事実は認められなかった」と説明した。これに対し、顧客情報の問題を報じていた朝日新聞の記者が、局長会の内部資料などを根拠に質問を繰り返すと、同社は一転して、実態把握のために調査を継続すると表明した。

日本郵便が実施したのは、約1万9000人の全局長に対する聞き取り調査。社内ウェブ上で質問票を配布して「顧客情報を利用し、お客さまの了解を得ず、『業務外の活動』に関する支援者名簿に記載したことがありますか」など6問を尋ね、「はい」「いいえ」を選んで答える形式だ。

回答期限が迫った頃、取材を通じて知り合ったある局長から電話があった。局長は憤慨した様子でこんなことを言った。

「私は顧客情報を使ってしまったことがあるので、正直に『はい』を選んで回答したんです。すると、コンプライアンス担当の社員から連絡が入り、『いいえ』に変更するように説得されました。これは隠蔽工作ですよ」

事実だとすればとんでもない話だと思ったが、私は対応に迷った。このような個別の事案を記事にすれば、取材源がすぐに会社側に分かってしまう――。そう思ったからだ。だが、それは杞憂だった。取材源を特定しようがないほど多数の局長が、各地のコンプライアンス担当社員から同様の連絡を受けていたのだ。

取材に対し、局長たちは口々に「『誤って記入したのではないか』としつこく尋ねられ、回答を変えるよう促された」「『あなたのケースは政治活動への流用に当たらない』と言われ、長時間説得された」と訴えた。少なくとも九州など4地方で〝説得〟が行われていたことが確認でき、21年12月17日付の朝刊で「顧客情報流用『いいえ』促す／『はい』回答の複数局長に／日本郵便カレンダー問題調査」という見出しで記事を出した。

報道から5日後、日本郵便は、顧客情報流用問題の内部調査結果を発表した記者会見で、「はい」と回答後に「いいえ」に変更した局長の人数についても公表した。当初は１２４６人が少なくとも一つの質問に「はい」と答えて不正を認めていたのに、５４１人もの局長が「いいえ」に変えていたのだった。

多数の回答変更について、日本郵便幹部は記者会見でこう説明した。

「回答を変更したケースには、誤入力をしていたものや、本来は『はい』と回答しなくてもよいものが混入していたため、コンプライアンス室が電話確認を行い、内容精査の上、修正を促した。事実の矮小化や『いいえ』を誘導したものではない」

同社が連絡を入れたのは、「はい」と不正を申告した局長だけだった。この点については『いいえ』と答えた局長は1万何千人になるので、（全員に連絡をするのは）現実的ではなかった。現状把握しようと思えば、『はい』を中心に確認する方が合理的だと考えている」との説明だった。

本当に合理的だろうか。顧客情報の流用を認めれば処分される可能性があるのだから、「はい」は、悩んだ末に正直になされた回答だ。一方、「いいえ」は、処分逃れのためのうその回答の可能性がある。内容を確認すべきなのは、むしろ「いいえ」と答えた局長のはずだ。それなのに「はい」と答えた局長だけに回答内容を変更させているのだから、問題を矮小化しているとしか考えられない。

内部調査の結果、同社は、104人の局長が計1318人分の顧客情報を政治活動に流用したと認定し、懲戒処分にした。局長たちは、貯金や生命保険の手続き書類、ゆうパックのラベルなどから顧客の氏名や住所、電話番号などを書き写し、政治活動のために自宅を訪問したり、支援者名簿を作成したりしていた。

処分を受けたのは、不正を正直に申告した局長だけだ。各局長への質問項目には、局長会側から指示があったかどうかを尋ねる項目自体がなかったにもかかわらず、同社は「指示は確認できなかった」と結論付けている。

処分を受けた局長の一人は「局長会の不適切な政治活動の実態を知ってほしくて、処分される覚悟で回答した。『顧客情報を使ってでも支援者を集めろ』という指示が出ていたのに、指示した側は処分されなかった。会社のことが信じられない」と悔しがった。

カレンダーに掲載された写真の「著作権料」の名目で、日本郵便から局長会側に資金が流れた疑惑に関しては、同社の衣川和秀社長が記者会見で「著作権料を支払うことは一般の商行為ではよくある事例だと思うので、問題があるとは考えていない」と語り、資金の流れを調べようとはしなかった。

同社はそのまま一連の問題の調査を打ち切った。

打ち出された再発防止策は「教育・研修の実施」や「マニュアルの見直し」といった表面的な内容のみ。郵政グループの中に、政治活動をする局長会組織が深く組み込まれている構造が変わらない限り、いつかまた同じような問題が繰り返されるに違いないと思えて仕方がなかった。

第六章　沈黙だけが残った

集会で語られたこと

カレンダー問題で90人の統括局長が処分されて間もない2021年暮れの週末。西日本地方のある中堅の郵便局長は、集会に出席するために都市部の大型ホールに向かった。

参院選を半年後に控え、局長会が、組織内候補の長谷川英晴氏を支援するために開催した「長谷川氏を囲む会」。会場には、地元の100人以上の局長たちが次々に集まってくる。着席すると、周りから「こんな時期によく集会をやるよな」「長谷川さん、本当に選挙に出るつもりなんだろうか」とささやき合う声が聞こえてきた。

長谷川氏は、第五章でも触れた通り、局長会の副会長として経費で買ったカレンダーを支援者に配布するよう不正な指示をした中心人物とみられている。カレンダーが配られたのは18〜20年。局長会は21年春、長谷川氏を組織内候補に選んだ。

この中堅局長は「長谷川さんは結果的に、自分の票を集めるために、全国の局長に不正行為をさせたことになる。長谷川さんや局長会幹部は、どんな釈明をするのだろうか」と注目しながら集会に臨んだ。

冒頭、自らも処分された地方局長会の役員が、カレンダーの問題に言及し「指示を出した局長会役員たちが処分を受けました。指示に従った皆さんには責任はありません。申し訳ありませんでした」と謝罪した。だが、具体的な説明はほとんどないまま「今後は、政治活動と業務をしっかりと峻別してやっていく。長谷川さんのことを理解して、納得して応援してほしい」と求めた。

続いて登壇した長谷川氏。カレンダー問題には具体的には触れず、「いま、われわれが置かれている環境、アゲインストの風、等々あります」とだけ述べた。その後は「郵便局ネットワークで地域社会を活性化」といった政策について演説。最後に「ぜひ皆様のご支援、ご協力をお願い申し上げます」と呼びかけた。

1時間あまりの「囲む会」が終わり、会場を出た中堅局長は「この組織は、何のけじめもつけないつもりだ」と落胆した。

すぐに復活した選挙活動

局長会はこの年の秋から、翌夏の参院選に向けた準備を本格化させ、一部の地区では「130世帯170人」などと前回を大幅に上回る後援会員の獲得目標を掲げていたものの、カレンダー問題で幹部らが大量に処分されてからは活動が事実上ストップした。例年、局長たちは年末年始にカレンダーを持参して支援者との関係づくりをしていたが、日本郵便はこの年末年始、局長による顧客宅への訪問自体を禁止にした。
九州地方局長会が22年の年明けにまとめた資料には、管内の各地区で、参院選に向けた活動が思うように進まず、苦慮する幹部らの声が記されている。
「1月15日から活動が始まりましたが、昨年来のカレンダー問題、そして個人情報流用等の問題からなかなか動けない状況です」（熊本県北部地区）
「強制的な指示・命令を発出しないように注意しています」（大分県西部地区）
「郵政に対する様々な仕打ちや圧力で、会員の多くに戸惑いが生まれている」（大分県北部地区）
「会員の中には、やらなくていいと勘違いしている人もいるようなので、政治対応理事から部会長へ電話をして、後援会活動の徹底をお願いしました」（奄美地区）
局長会は、「風通しの良い組織づくり」を進めるという目的で「組織風土改善対策本部」を立ち上げ、幹部と現場の局長らが組織のあり方を語り合う「全特の未来を考えるミーティング」を開催。後援会員集めについては、従来のように上部組織がノルマを設定するのではなく、各地区が自主的に目標を決める仕組みに改められた。
会員に寄り添う姿勢を見せていた幹部たちだったが、参院選が近づくにつれ、焦りが見え始める。
3月、横浜市のホテルで開かれた局長会の評議員会。議事録によると、末武晃会長はカレンダー問題について「改めておわびを申し上げる」と謝罪した上で、集まった各地方の代表者らにこう呼びかけた。

「今夏の参院選に向けて、着実かつ懸命な取り組みを行うことが重要です。法令、会社の規定等、守るべきルールはしっかりと遵守した上で、臆することなく、胸を張って取り組んでいただきたい」

「共に行動していただける国会議員の皆さんとさらなる信頼関係を構築し、郵政事業に関わる政策課題の解決に向けた活動を展開してまいりたい。（略）とにかく数字を、先生方が見ているということは間違いありません。今回は、それぞれの地区会で目標を立てていただきました。これをきっちりと求めていっていただくということは、ここにいる皆さんの責任であり、私自身の責任だ」

閉会のあいさつでは、副会長もこんなげきを飛ばしている。

「前回以上の得票数を上げるということは申し上げていないが、だからといって結果として減ってよいということではありません。政治的影響を行使するためには、やはり結果が必要。『前回と違うのだから少し減ってもいいではないか』という雰囲気もあることを非常に恐れています。しっかりとご指導いただきたい」

こうした幹部らの指示を受け、九州地方局長会が4月に出した文書には、各地区の後援会員数の一覧表とともに、「このままでは前回にはるかに及ばない数になることが予想されます。ゴールデンウィークを一つの山として、活動の活性化を切にお願いする」との指示が書かれている。集票を求める圧力が、あっという間に戻りつつあった。

局長会の人事権「虎の巻」の内容

この頃、私はあるベテラン局長と連絡を取るようになっていた。

「局長会の幹部は誰も責任を取らず、何事もなかったかのように選挙活動に突き進もうとしています。このままでは、若い局長たちが誇りを持って仕事ができなくなってしまう」

局長はそう胸の内を明かし、ある文書を提供してくれた。

表題には「郵便局長の後継者育成マニュアル　指導者用」とある。

先にも触れたように、局長会は、日本郵便が実施する局長採用の公募試験の前に、独自に面接や研修を実施し、局長として採用する人物を実質的に選んでいる。このマニュアルは、志望者の選考や指導に当たる各地区の役員らに向けて、局長会が作成した手引きだった。

「採用前から局長会のしきたりを教え込むためのマニュアルがある」

私は以前に複数の局長からそう聞かされたことがあった。だが、局長会はマニュアルを厳重に管理し、一部の幹部にしか渡しておらず、これまで目にする機会がなかったのだった。

局長会は、本来は日本郵便が持つべき人事権を代わりに握ることで、約1万9000人の局長を集票活動に動員して政治力を維持し、組織を守り続けている。私は、局長会が握るこの人事権こそが、郵政グループで相次ぐ不祥事の根源ではないかと考えるようになっていた。マニュアルには、それを具体的に証明できる内容が記されているのかもしれない。

「内部から変えられないのが悔しい。全てを白日の下にさらしてやり直すべきなんです」

ベテラン局長は、電話の向こうで訴えていた。

「郵便局長の後継者育成マニュアル　指導者用」は2019年に完成したもので、後半の参考資料も合わせると40ページに及ぶ。巻頭には、作成当時の青木進会長のあいさつ文が載っている。

「今回、郵便局長の後継者の発掘から局長就任までの育成プロセスを示し、基礎的な全国郵便局長会組織の目的や活動について早い段階から理解させるための具体的な指導内容を定めましたので、後継者育成に取り組む指導者のための教材として活用いただくことを期待します」

続く本文には、「後継者」の「発掘」から「育成」に至るまでの過程が具体的に書かれている。

まず、退職を予定している局長が、自身の後継者候補の目星をつけるところから始まる。退職予定者は、後継者候補の氏名や自身との関係、後継者にしたい理由などを記した「後継者推薦調書」を作成し、地区局長会の会長に提出。これを受け、地区会長らは、後継者候補に対して「面接」や「人物調査」を実施する。

面接では、後継者候補本人だけでなく、その配偶者まで同席させ、「制度への理解」や「協力の意思」があるかどうかを確認することになっている。実際、複数の局長が「妻も面接を受け、選挙に協力できるかを質問された」と証言している。

こうした「発掘プロセス」で「必要な資質」を備えていると判断され、「地区会推薦」を得ることができれば、後継者候補は「育成研修」へと進むことになる。

研修で教える項目は、

①全国郵便局長会の存在意義や目的

②局長会の歴史
③地域貢献の重要性
④選挙などの政治対応
⑤局長として求められる経営管理
の五つが挙げられている。

特に目を引かれるのは④の「政治対応」の項目だ。指導のポイントとして「政治活動の歴史、必要性、重要性を理解させる」「政治活動・後援会活動・選挙運動の相違点を説明する」「国会議員等との連携について説明する」などと書かれ、局長になる前から、局長会が取り組む政治活動について指導するよう繰り返し強調している。

具体的な指導内容は、直前に行われた参院選の「総括資料」を用いた選挙運動についての説明、先輩局長による「政治活動体験談」、公職選挙法に違反しないための注意点など多岐にわたる。局長たちが自民党員となって都道府県単位で「自民党職域支部」を組織していることまで教えることになっている。

研修を受けた経験のある男性は「研修期間中に参院選があったため、組織内候補を支援する集会にも参加させられた」と明かした。

こうして配偶者も同席しての面接を通過し、長期の研修によって政治活動などについての理解を深めた上で、後継者候補は会社の採用試験を受けることになるのだ。

ここで重要になるのが、第四章で紹介した日本郵便九州支社の人事担当課長の供述調書だ。

検察官の事情聴取に対し、課長は「局長会と無関係の人が（試験に）応募してくることもあるが不合格になるケースが多い。少なくとも、私の経験上、そういった方を採用したことはない」と述べていた。

マニュアルの記載とこの供述内容を合わせて考えれば、局長会が選んだ人物しか局長にはなれないということになる。２０２０年1月に東京都内で開かれた局長会の会合の議事録を読むと、当時の山本利郎会長がこんな解説をしていた。

「局長任用の公募でも、基本的に局長会が推薦する人が合格するようになっている。（略）ここで気を付けなければいけないのは、『局長会が推薦してやったから、おまえら誰のために局長になったと思っているんだ』というようなことを言ってしまうと、既得権益になって、またマスコミの餌食になってしまいます。だから、われわれの三本柱（註・第三章で触れた「不転勤」「選考任用」「自営局舎」のこと）を守るために、局長会を発展させるために、会社といろいろと話し合って、今のスキームができたということを、しっかりご理解いただきたいと思います。（略）会社とのあうんの呼吸を維持していかないと、世論が許さなくなります」

局長昇進までの過程

後継者育成マニュアルを入手して数週間後の22年の春。私はある地方都市の駅で電車を降り、近くの商業ビルに向かった。今回の取材場所は、人目を気にしないで済むカラオケボックスだった。

店の前に立っていた中年の男性と軽く会釈を交わし、互いの名前を確認してから、一緒に個室に入った。静かに話ができるように、カラオケ機器の音量をゼロにする。

「メールでもお伝えしましたが、あの数カ月間は、本当につらい思いをしました。今も許せない。局長になるために、あんな理不尽なハードルがあるなんて」

薄暗い個室の中。無音の映像を流しながら明滅する液晶画面の光に照らされ、男性は苦い表情を浮かべていた。

男性は少し前、西日本新聞に「局長会が行っている研修について伝えたい」と連絡してきた。私が面会して話を聞かせてほしいと依頼すると、「全面的に協力したいです」と応じてくれたのだった。

彼は現役の郵便局員。勤務成績が評価され、後輩の指導にもやりがいを感じられるようになった頃から、「より充実した仕事ができるように、いずれは局長になりたい」と考えるようになった。

数年前のある日、地区局長会の役員を務める局長から「局長にならないか」と声を掛けられた。「お願いします」と答えると、「面接があるから、奥さんと一緒に来るように」と指示された。

局長になるためには、社内で昇進する場合であっても、会社の公募試験に合格しなければならない。実際にはそれだけではなく、局長会の研修を受ける慣例があるのだと、社内の噂で聞いたことがあった。そのプロセスがこれから始まるのだ。しかも妻まで巻き込んで。

「局長になれるのなら、多少のことは我慢しよう」。そう自分を納得させ、相談した妻も「あなたが出世できるなら」と理解してくれた。

面接では、地区局長会の会長らが相手だった。

「局長になれば、選挙に協力してもらわないといけない。夫婦で自民党に入党してもらうことにもなる。大丈夫ですね」

会長は単刀直入に聞いてきた。「大丈夫です」。男性はそう答え、妻も頷く。面接は無事に通過した。

続いて始まった研修。この地区では「訓練」と呼ばれていた。

初回の日、仕事が終わってから指定された公民館に向かうと、その一室に地区の局長たち10人ほどがずらりと並んでいる。

「訓練は厳しいかもしれないが、これはパワハラではないからな」

冒頭、指導役の局長は宣言するように言った。威圧的な態度に戸惑っていると、この局長はさらに男性を驚かせることを口にした。

「訓練を通過して局長会の推薦さえ得られれば、会社はそのまま合格させてくれるから」

てっきりこの研修は、試験対策のための勉強の場なのだと思っていた。だが、実際には、この研修自体が本番の試験だということなのか。男性は目の前に居並ぶ局長たちと向き合いながら、長年働いてきた中でも知ることのなかった、郵便局の裏側の仕組みを見せつけられた思いだった。

パワハラとしか思えない研修

訓練は毎回数時間、平日の仕事終わりや土日に開かれた。

男性は開始の30分ほど前には会場の部屋に到着して机を並べ、局長たちのために自腹で買ったお茶やお菓子を準備するようにした。「あなたは局長になりたいから、自分の意思でここにいる。俺たちは、ボランティアで来てやっているんだ」。初回の訓練で、局長の一人が口にした言葉が耳から離れなかったからだ。

毎回10人ほどの局長たちに取り囲まれるように座り、その日のテーマに合わせて次々と質問を投げかけられた。

「局長にとって、なぜ地域のボランティア活動が重要だと思うか」

「保険を販売する上で、どんな心がけが大事か」

何と受け答えをすれば正解なのか分からない質問ばかりだ。男性が言葉を選びながら答えると、局長たちは「郵政事業の理念が分かっていない」「そんな考え方だと仲間には迎えられない」と怒鳴りつけてきた。言い返したい衝動にかられたが、口に出してしまえば局長にはなれなくなる。

「何回同じことを言わせるんだ」

「人間性を変えた方がいいんじゃないか」

どれだけ真剣に答えても納得してくれない。大声で罵声を浴びせられ、悔しくて涙があふれた。

教科書となったのは、局長会の教本「礎」だ。少しでも相手に合わせた受け答えができるようにと、30ページ余りの教本を丸暗記できるほど読み込んだ。明治期に土地や建物を無償で提供した先人たちをルーツとする局長たちの「高邁な理念」、郵政民営化の荒波にもまれた全国郵便局長会の活動の歴史、参院選に組織内候補を擁立する政治活動の重要性……。巻末に掲載されている「会歌」も、そらんじて歌えるようになった。

「選挙は、郵便、貯金、保険に続く郵政の第四の事業。局長にとっては一番大事な活動だ」

「『三本柱』は局長会が守ってきた重要な仕組み。その中でも、こうやって局長会が一緒に働く仲間を選ぶ『選考任用』は、特に守り続けないといけない」

講師役の説明を聞きながら、違和感がどんどん膨らんでいく。訓練が始まって数カ月。局長たちから言葉をかけられるたびに、びくりと緊張し、体がこわばるようになっていた。

「この研修は、精神的に追い詰めていき、服従させることが目的なんじゃないか。こんな人たちに従い続ける人生は嫌だ」

男性はそう思い、長年持ち続けてきた局長になる目標を諦めた。

「これが、私が訓練を受けた証拠です」。男性はそう言いながら、バッグから冊子を取り出した。研修で何度も読み込んだ「礎」だった。訓練で重要だと教えられた箇所には、アンダーラインが引かれている。

カラオケボックスの液晶画面は、無音の映像を流し続けていた。ずっと胸につかえていた思いを吐き出したからだろうか、男性は幾分穏やかになった表情でこう言った。

「あまりにも時代にそぐわない研修でした。局長会が言いなりになる人間を選び、会社は追認するだけ。こんな仕組みはおかしい。仕事を一生懸命やれば、局長会と関係なく局長になれるようにしてほしい」

選挙活動への参加は局長になるための必須条件

局長会による試験前の選考や研修は、後継者育成マニュアルの考えに沿いながら、各地区ごとにアレンジして運用されているようだった。

マニュアルを提供してくれたベテラン局長はこう打ち明けた。

「うちの地区の研修では、過去には深夜まで面接の練習をさせるなど、かなり厳しい指導をしていました。夫婦で選挙活動ができるかどうかは必須の確認事項。公務員だと選挙活動ができないので、奥さんに役所勤務を辞めさせたというケースもあった。『政治活動はしたくない』『妻にまで選挙活動をさせたくない』と敬遠され、局長のなり手不足の一因になっていると思います」

大阪府のある地区では、研修のことを「塾」と呼び、受講希望者に「入塾案内」という資料を渡していた。

この資料によると、「局長として必要な能力」などを学ぶための研修期間は約10ヵ月間。受講希望者には、レポートとともに、健康状態や学歴、過去の職歴といった個人情報を記入する「入塾希望調書」の提出を求め、受講に当たっては、塾の「運営費」として一人1万円を徴収すると書かれている。

入塾案内にはさらに「局長志願者については、塾を受講した者から選考するものとします」と書かれている。地区局長会が「志願者」と判断した場合にだけ、会社の採用試験の受験を認めるという意味なのだろう。

同じ大阪府では2015年、大阪市の局長が、局長の公募採用試験に関する指導をした謝礼の名目で複数人から計数百万円相当の現金や金券を受け取ったとして、懲戒解雇される事案も起きている。

関東地方のある地区にも、「取扱厳重注意！」と書かれた後継者育成に関する資料があった。この中では、後継者を選ぶ際の基準として「第1順位・現局長の子弟・親族」「第2順位・局の近くに住める人物」「第3順位・局長会に理解のある社員」と記載している。世襲を最優先に後任を選ぶことになっているのだ。

地区ごとに多少の違いはあれ、局長就任後の手続きについては、局長たちは口をそろえてこう証言した。

「強制的に局長会に入会させられ、自民党の入党申込書にも署名させられた」

専門家はこうした仕組みをどうみるだろうか。

労働者側の立場で数多くの労働問題の訴訟に携わってきた福岡県弁護士会の光永享央《たかひろ》弁護士は「ここまで露骨に、特定政党の支援ができる人だけを採用する差別的な仕組みは聞いたことがない」と話した。

光永弁護士は、マニュアルを作成した局長会以上に、日本郵便の対応に疑問を投げかけた。

「日本郵便は公的なサービスを担う会社なので、採用や人事の公平性が強く求められます。会社の人事に第三者が関与する余地があること自体、経営者として恥ずべきことだ。局長会に乗っ取られているような状態だと考えられる。局長会の活動を敬遠して局長になるのを諦めた人にとっては、深刻な不利益です」

局長採用プロセスは不可侵の領域

厚生労働省は「支持政党や家族に関することなど、本人の適性や能力と無関係の事柄を採用基準とすることは、就職差別につながる恐れがある」との見解を示している。マニュアルに書かれているように、局長会が配偶者も含めて面接をしたり、政治活動に協力できるかを見極めたりして人選し、日本郵便がその判断を尊重して採用者を決めているとすれば、就職差別に当たる可能性も出てくる。

日本郵便に取材を申し込むと、文書で次のような回答があった。

「マニュアルの内容については、局長会が作成しているものですので、弊社として回答は控えさせて頂きます。なお、局長の任用に当たっては、局長会への加入が必須であるとか、局長会が認めた人物であるとか、特定の政治活動に賛同することや配偶者の有無などを採用の基準としている事実はありません」

会社としては、局長会の研修に関与していないという説明だったが、マニュアルには「役員・支社幹部等からの講話を通じて指導する」との記載があった。同社の役員や地方支社の幹部らが、研修に講師として参加する場面があるのではないか。この点についても尋ねると、同社は「本社・支社の役員等による講話については、誤解を与えることのないよう今後は控える」と回答した。局長会は、今回も取材に応じなかった。

「局長志望者に選挙指導／日本郵便の採用前 配偶者も面接／全国局長会／就職差別の恐れ」。22年5月1日、こんな見出しで後継者育成マニュアルについて記事を出した。

5月31日の参院予算委員会。共産党の小池晃氏が、参考人として出席した日本郵便の衣川和秀社長や、岸田文雄首相らを相手にこの問題について質問し、国会審議でも論戦のテーマになった。

小池氏「全国郵便局長会（略）が郵便局長の後継者育成マニュアルというのを作りました。（略）郵便局長というのはこういうプロセスで選ばれているんでしょうか」

衣川社長「全国郵便局長会におきまして、郵便局長となり得る候補者を探し、その者に対して勉強会や研修を行っているということは聞いております。ただし、採用に関しましては、本人の適性や能力に基づき会社が厳正に選考しておりまして、郵便局長会が認めた人物であるとか、報道にあったような、（略）政治活動に賛同することや配偶者の有無などを採用の基準とはしていないものでございます」

小池氏「このマニュアルが存在することはお認めになりますか」

衣川社長「報道を契機といたしまして、こうしたマニュアルが存在するということは承知しております。しかしながら、当社としまして、その内容について関与しているものではございません」

小池氏「もうね、これ、マニュアル存在しているのが大問題ですよ。総務省、総務大臣、（略）こういうことを放置していいんですか。監督官庁としてこれ調査すべきじゃないですか」
金子恭之総務大臣「（略）具体的な事実関係については、まずは日本郵政グループにおいて説明いただく必要があると考えております。その上で、総務省としても、監督官庁として、今後の動向を注視し、必要に応じて適切に対応してまいりたいと思います」
小池氏「総理、これ、最近の参議院の比例代表選挙では、自民党の候補者の中で、3回連続、全特（註・局長会）推薦候補がトップ当選しているわけですよ。その背景にこのような郵便局長会による局長選考システムがあるとすれば、これは、総理としても自民党総裁としても、これはこのまま見過ごすわけにいかないんじゃないですか。総理、これは調査する責任があると私は思う」
岸田首相「（略）個別の会社の事案でありますので、まずは自らの説明責任を果たしてもらい、その上で、政府として必要であらば対応する、（略）いずれにせよ、（略）個別の会社の人事の話であると認識をしております」

国会答弁の中で、岸田首相から「説明責任」を果たすよう求められた日本郵便は内部調査を始め、2週間後、その結果を公表した。
「『郵便局長の後継者育成マニュアル』の精査結果等の報告」と題する発表資料は、わずか1ページ。同社の社員と外部の弁護士がマニュアルの記載内容を精査した結果、「採用における選考に全国郵便局長会が関与していると具体的に指摘できる記述は認められませんでした」との結論が記されている。

マニュアルの字面をチェックしただけで、局長会側への聞き取りは一切行わず、研修の実態も調べていない。これまで以上に中身のない調査結果は、同社にとって、局長採用のプロセスがいかに触れられたくない問題であるかを物語っているようだった。

社長ですら口を閉ざした

私には本音を聞きたい相手がいた。

郵政グループトップの増田寛也日本郵政社長。

2年前の20年1月、保険の不正販売問題で前社長が引責辞任し、後任として白羽の矢が立った増田社長は、就任直後のあいさつで社員たちにこう呼びかけている。

「今回の問題は、日本郵政グループ全社にとって、創立以来最大の危機であると受け止めております。一歩一歩信頼を回復していかなければならない。社内の常識が世間の非常識につながっていないか。もう一度よく検証して、そして前に進んでいく、こういった姿勢が大事だと思います」

その姿勢は本気だと感じられた。保険の不正販売問題では、報道の指摘も受け止めて被害者の救済範囲を広げ、内部通報制度の改革も主導した。前経営陣が記者会見を途中で打ち切っていたのに対し、増田社長は席を立つことなく質問が出尽くすまで耳を傾けた。

カレンダーの政治流用問題が発覚してからは、局長会についても踏み込んだ発言をしている。

「(局長が) 局長会に入会していないと何かが困難になるということは、会社としてはもちろん考えていなくて、そういうことがあってはいけないというふうに思いますし、(略) 局長登用のときなどもそうですが、局長会から推薦があるとかいうことは一切なく、やはり公平に人を見ていかなくちゃいけませんし、局長会に入会していないことの、何か困難さが生じないように、仕組みを直していかなければいけないと思います」（21年10月の記者会見）

「業務と業務外とが渾然一体となって行われる（局長会）組織が、会社のさまざまなガバナンスの中で非常に大きな部分を占めていて、人事権の発令ですとか、さまざまな部分が本来だと（地方）支社長のところに全部権限が集中している、そういうのが組織のあり方だと思うんですが、そこが必ずしもそういうふうに見えないような部分があるといったあたりが、組織構造としては問題になったんではないか。ですから、そういった支社の構造をやはり変えていく必要があると思います」（22年2月の記者会見）

郵政官僚出身の他のグループ幹部らと違い、旧建設省出身で岩手県知事などを歴任し、外部からやってきた増田社長は、局長会の問題もタブー視せずに向き合おうとしているように見えた。記者会見でも、言葉を交わせている実感があった。

日本郵政の大株主は政府であり、過去には政権交代に伴って社長が事実上更迭される事態が繰り返されてきた。安倍政権下で社長に就いた増田氏にとって、「自民党を支援する人物しか郵便局長になれない」という仕組みに切り込むのは容易ではないだろうとは想像できたが、それでも、何か思うところがあるはずだ。

22年6月28日。私は準備した質問をノートに書き込んで、都内で開かれた増田社長の定例の記者会見に臨み、最初に手を挙げた。

——後継者育成マニュアルの問題についてお尋ねしたい。日本郵便が先日公表した調査結果では、マニュアルについて「採用選考に局長会が関与していると指摘できる記述は認められなかった」と結論付けられている。だが、マニュアルには、地区局長会が、採用試験の前に独自に人物の選考をすると記されている。局長会が間接的にせよ、採用に関与していることになるのではないか。

増田社長はいつものように淡々とした口調で、表情を変えずに答え始めた。

「局長会は任意団体ということでありまして、私どもでは局長の選考、採用には関与をさせないと、関与しないと、こういう形で、これまでも局長の選考を行ってきていると。この間、発表した発表文にも記載しているとおり、その点をさらに広く周知をしておく必要があると思ってですね、その旨は……」

マニュアルの内容とは無関係の発言が続き、私は途中でメモを取る手を止めてしまった。質問の意図が伝わっていないのだろうか。「局長会の事前選考で落とされた人が、採用試験を受けると思うか」などと質問を続けても、直接的な答えはなかなか返ってこなかった。

約1時間半に及んだ会見。他の記者も問いを重ね、増田社長の考えは断片的に引き出されていった。

後継者育成マニュアルは「われわれの関与するところではない」。局長会の研修に関しては「特に申し上げることはない」。

局長会に対して活動を改めるよう求めるつもりはなく、過去の採用試験が公平に行われたかを調べる考えもない——。そう答えた増田社長は、局長会から実質的に局長採用の権限を握られてしまっている状況を容認してしまったのである。

「社長の発言は、以前より後退しているのではないか」

私の質問に、増田社長は「考え方は変わっていない」と答えた。最後まで淡々とした口調、変わらない表情からは、その胸中をうかがい知ることはできなかった。

「皆様の絶大なるご支援を切望いたします」

「まずは自らの説明責任を果たしてもらい、その上で、政府として必要であらば対応する」と岸田首相は国会で答弁したが、日本郵便から「後継者育成マニュアルの中に、問題のある記述はなかった」との報告を受け、政府は何の対応も取らなかった。

局長会を巡る不祥事に対し、政府や自民党の姿勢はずっと変わっていない。

カレンダーの政治流用問題でも、総務省は、日本郵便に対して再発防止策を策定するよう行政指導をしたものの、同社が報告した「研修・教育の実施」といった表面的な再発防止策をそのまま受け入れ、背景にある同社と局長会との関係に立ち入ろうとはしなかった。

西日本新聞の記者は21年12月の記者会見で、自民党の茂木敏充幹事長に対し、カレンダー問題への対応について質問している。

――全国の郵便局長が会社経費で購入されたカレンダーを自民党参院議員の後援会員などに配布していた問題で、日本郵便は局長90人を懲戒処分にした。この問題をどのように受け止めているか。

茂木幹事長「（日本郵便が）局長ら90名を処分した上で、全国郵便局長会に対して、会社の業務と局長会活動の区別を明確にするように申し入れたと承知している。この申し入れを踏まえ、局長会が適切に対応すると考えている」

――当時、局長会の副会長として中心的な役割を果たしたとされる長谷川英晴氏は、来年夏の参院選の組織内候補で、自民党は公認を決定している。決定を見直す考えはないか。

茂木幹事長「全国郵便局長会は、今回の事態について、二度と同様な事態を発生させないとコメントを発表していると思う。党の公認決定については、党の内規に従って適正に組織決定している」

この会見から3カ月後の22年3月、都内で開かれた自民党大会には、局長会の組織内候補の長谷川氏が、党公認候補として招かれている。

それからしばらくして開かれた局長会の会合。内部の議事録によると、長谷川氏は「局長会に対する自民党の中での評価の高さを身をもって体験しました」と語り、党大会出席時の様子をこう振り返っている。

「自民党の党大会に出席し、大会終了後、公認証書をいただきました。

よく存じ上げない先生を含め、多くの先生から声をかけていただきました。

壇上には自民党の幹部の方々がおり、そこに候補者が名前を呼ばれて上がっていきます。壇上に上がって、（岸田）総裁とグータッチをして自分の立ち位置に行くと、上から『長谷川さん』という声がかかりました。どなたかと思えば、茨城県の梶山弘志先生から『頑張りなよ』と一声かけていただきました。また、前の女性の方が後ろを向いて『長谷川さん、郵政の人だよね。頑張ろうね』と話しかけられました。これは片山さつき先生で、多くの方々から注目していただいていると思いました。

多くの方々から温かい言葉、声をかけていただく、それは、郵政事業に対する信頼の証でもあると思いますし、局長会という組織に対する自民党の中での評価ということだと思います。本当にうれしく思った半面、責任の重大さをあらためて痛感しました」


自民党大会から2カ月後の22年5月。後継者育成マニュアルの問題を報じてから間もない時期だったが、局長会が開催した年に1度の通常総会では、岸田首相から届いたこんなメッセージが読み上げられた。

「郵便局長の皆さまには、日頃より様々な活動を通じて、地域に貢献し、地域の発展にご尽力いただいておりますことに、心から感謝と御礼を申し上げます。（略）組織内候補の『長谷川ひではる』さんは、郵政事業の専門家であり地方創生に思いのある方で、自由民主党にとりまして大切で絶対に必要な方であります。長谷川ひではるさんへの皆様の絶大なるご支援を切望いたします」

局長会の末武会長はこの総会でも、「政治との関わりは必要不可欠であります。一切手を抜くことはせず、正々堂々と胸を張って活動し、しっかりと結果を残したい」というフレーズを繰り返し、参院選に向けて力を入れるよう求めた。

自民党と局長会の深すぎる関係

２０１３年約43万票、16年約52万票、19年約60万票――。局長会は自民党が政権復帰して以降の参院選で、自民党公認を得た組織内候補の得票数を伸ばし続けてきた。いずれも党内トップでの当選だ。

局長会が選挙に力を入れるのは、自分たちの声を代弁する議員を国会に送り込むことだけが狙いではない。

組織内候補が当選すれば、自民党の所属議員が一人増えることになる。それにとどまらず、参院選の比例代表は合計得票数によって政党ごとの議席数が決まるため、局長会が多くの票を集めれば集めるほど、自民党の当選者数を増やすことに貢献できる。つまり、自民党に恩が売れるのだ。

候補者を擁立しない衆院選でも、個別に自民党の候補者を支援している。21年秋の衆院選の前、局長会は内部向けの文書で「次期衆院選の対応」として次のような方針を伝えている。

「会員全員が自由民主党員となり、郵政政治連盟支部を組織していることから、自民党の各都道府県連や候補予定者から様々なアプローチ・要請があるものと想定されるが、候補予定者の支援に当たっては、これまでの郵政事業の抱える課題解決への取組・活動状況や貢献度合い、議員の将来性などを考慮して、メリハリのある対応とすべきである」

この方針に従い、局長会の各地区会は、支援を決めた自民党候補への選挙協力に力を入れた。

東海地方のある地区では、全ての局長に対し、平日に有給休暇を取得して、自民党候補者の街頭演説に足を運ぶよう指示が出された。中国地方では、候補者の事務所に局長らが集まり、有権者に支援を呼びかける「電話作戦」に加わった地区もある。

関東のある局長も、選挙のたびに自民党の支援活動にかり出される。局長就任と同時に夫婦で自民党に加入させられ、口座からは毎年、二人分の党費6000円が引き落とされる。この局長は、自民党から発行された領収書を見せながら「個人的には自民党を支持しているわけじゃない。でも、局長になった以上、仕方がないんです」とぼやいた。

沈黙の先には

参院選が2ヵ月後に迫った頃になると、局長会の活動はすっかり元に戻ってしまったようだった。

局長たちは後援会員集めを求められ、「山場」とされるゴールデンウィークには、二人一組で支援者宅をまわり、「必ず投票してくれる」Aランクになるよう〝ランクアップ活動〟にいそしんだ。ある幹部は、消極的な局長に対して「局長になるときに選挙活動をやると約束しただろう」と叱責した。

九州の局長は言う。

「うちの選挙は、候補者が日焼けをしない選挙活動なんです」

局長会の組織内候補は、基本的に街頭に立つことなく、身内の局長らが集まった各地のホテル会場などをまわるのが主な活動だ。その一方で、実動部隊となる局長たちは、地域のボランティア活動などで関係をつくった顔なじみの人たちに、情に訴えながら投票を頼み込むのだ。「多くの人が、候補者がどんな人物なのかもよく知らないまま、局長が頼んだ通りに投票用紙に名前を書いてくれるんです」

局長たちはそんな活動への疑問を口にしながらも、やはり集票活動を続けていた。

郵政の取材を始めてから4年がたとうとしていた。この間に目の当たりにした出来事を思い返すと、無力感が混ざったような怒りがこみ上げてきた。保険の不正販売問題で多くの高齢者が不利益となる契約を結ばされたのも、郵便配達の現場で精神のすり減るような労働管理が行われているのも、もとをただせば厳しい経営環境が背景にある。

それでも局長会は、巨額のコストがかかる「郵便局網の維持」を掲げ、政治力を背景に、選挙に役立ついびつな人事上の慣例を守り続けている。「地域に密着した郵便局を守る」という大義名分があるにせよ、その活動の弊害はあまりにも大きいように思える。

局長会は結局、カレンダーの政治流用問題の経緯や動機、責任の所在について具体的に説明することはなかった。問題を主導したとみられる候補者の長谷川英晴氏は、口をつぐんだまま国会議員になろうとしている。

私は直接、長谷川氏に話を聞こうと考えた。関係者から「長谷川氏を囲む会」の日程を教えてもらい、佐賀市のホテルに向かった。

1階のロビーに待機し、頭の中で質問を何度も繰り返しながら1時間ほどがたったころ、上階で様子を見ていた同僚記者から「もうすぐ終わりそうです」と連絡が入った。間もなくエレベーターの扉が開き、数人の局長会関係者に付き添われた長谷川氏が出てきた。

——西日本新聞の宮崎といいます。

長谷川氏「急がなきゃいけないので」

——カレンダーの問題について取材に応じてほしい。

長谷川氏「ちょっと無理かな」

局長会関係者「邪魔しないでください」

——立候補するのなら、説明する責任があると思う。

「……」

——ずっと質問を出している。回答してください。

「……」


長谷川氏はこちらに視線を向けることもなく、待っていた車の後部座席に乗り込む。車の扉はすぐに閉まり、走り去っていった。30秒ほどのやりとりだった。

22年7月10日の参院選の投開票日。長谷川氏は41万4371票を集めて当選した。局長会の組織内候補としては前回より約20万票減らし、自民党トップの座からも陥落。それでも党内2位の得票数だった。

岸田首相は翌月、内閣改造を行った。総務省の副大臣には、局長会出身のもう一人の参院議員、柘植芳文氏の名前があった。郵政事業を監督するポストに、局長会の代表者を就けたのである。

「局長会は『会員の局長が報道機関などに情報を漏らした場合、除名処分にする』という内部規則を制定しました」

「保険のノルマ達成を求める圧力が元に戻りました」

組織の歪みを訴える声は、その後も途絶えることなく寄せられている。

おわりに

本書の執筆に当たり、これまでに寄せられたメールや投書に改めて目を通した。その一つ一つから、内部告発をすることへの葛藤や不安、それでも行動せずにはいられない、やむにやまれぬ思いが伝わってくる。

顧客に寄り添う郵便局を取り戻すため。苦しむ同僚を助けるため。亡くなった家族の名誉を守るため――。現場で出会った人たちは、それぞれの立場で巨大組織と対峙していた。その声を伝えながら、私自身も記者に求められる役割を教えられた。

取材に協力して頂いた方々に敬意を表し、感謝を申し上げます。

ありがとうございました。

本書の感想をお寄せ下さい

宮崎拓朗（みやざき・たくろう）
1980年生まれ。福岡県福岡市出身。京都大学総合人間学部卒。西日本新聞社北九州本社編集部デスク。2005年、西日本新聞社入社。長崎総局、社会部、東京支社報道部を経て、2018年に社会部遊軍に配属され日本郵政グループを巡る取材、報道を始める。
「かんぽ生命不正販売問題を巡るキャンペーン報道」で第20回早稲田ジャーナリズム大賞、「全国郵便局長会による会社経費政治流用のスクープと関連報道」で第3回ジャーナリズムXアワードのZ賞、第3回調査報道大賞の優秀賞を受賞。

ブラック郵便局《ゆうびんきょく》

発　行　2025年2月15日

著　者　宮崎拓朗《みやざきたくろう》

発行者　佐藤隆信
発行所　株式会社新潮社
〒162-8711　東京都新宿区矢来町71
電話　編集部　03-3266-5611
読者係　03-3266-5111
https://www.shinchosha.co.jp

装　幀　新潮社装幀室
印刷所　株式会社光邦
製本所　大口製本印刷株式会社

ISBN978-4-10-356151-4 C0095